우아하고 화려한 신비의 화초

우아하고 화려한 신비의 화초

난蘭

첫판 1쇄 발행 | 2001년 4월 25일
첫판 5쇄 발행 | 2012년 4월 5일

지은이 | 강법선

발행인 | 김남석
편 집 이 사 | 김정옥
디 자 이 너 | 임세희
전 무 | 정만성
영 업 부 장 | 이현석

발행처 | (주)대원사
주 소 | 135-231 서울시 강남구 일원동 640-2
전 화 | (02)757-6717~6719
팩시밀리 | (02)775-8043
등록번호 | 등록 제3-191호
홈페이지 | www.daewonsa.co.kr

값 21,000원

Daewonsa Publishing Co., Ltd.
Printed In Korea 2001

ISBN 978-89-369-0960-4

*잘못 만들어진 책은 바꾸어 드립니다.

우아하고 화려한 신비의 화초

강법선 지음

대원사

난의 아름다움에 대하여

난의 아름다움은 예부터 난의 의미와 함께 이야기되어 왔다. 그렇기 때문에 사람들은 난의 실체를 만나기 전에 이미 난의 아름다움과 그 의미를 만나게 된다. 사람에 따라서 난이 주는 아름다움은 각자 다르게 와 닿겠지만, 이는 어느 것이 강하게 닿느냐 하는 차이일 뿐 보편적인 난의 아름다움은 누구나 느낄 수 있을 것이다.

난은 사랑을 알게 한다. 우리는 삶을 살아가며 많은 사랑을 느낀다. 그 사랑은 마음껏 나타낼 수도, 조금은 감출 수도 있다. 그것은 자신의 생각으로 이루어진다. 그러나 아무 말도 없이 인간의 정을 그리워하는 것이 난이다. 인간에게 길러지는 식물은 오직 인간의 사랑을 기다리며 그 사랑에 답하며 살아간다. 난 또한 이와 마찬가지로 사람이 정을 쏟고 사랑을 주는 만큼 길러진다. 난을 사랑하는 것을 배움으로써 우리는 사랑을 주는 것을 알게 된다.

사람이 사랑을 베풀 수 있다는 것, 그것은 아름다움 중의 아름다움이다. 그 아름다움으로 인해 더욱 맑게 꽃이 피고 향이 맺히는 것이다. 난은 사람으로 하여금 사랑을 알게 한다.

난은 관조(觀照)의 세계를 보여 준다. 난을 사랑하고 좋아하는 것은 아무나 할 수 있는 것이 아니다. 난을 좋아하고 느끼는 것은 정신의 여유로움에서 그 실체가 가슴에 와 닿는 것이다. 각박함과 어려움에서 벗어나 예(藝)의 실체를 맛보았을 때, 그 맛은 속세의 어려움을 벗어나는 여유로움과 그것을 느끼는 관조의 멋을 볼 수 있는 것이다.

난은 예를 알게 한다. 예술이란 원래 농부들이 땀을 흘리고 거두어들이는 기술을 뜻하는 말이다. 난에 있어 열심히 기르고 아름답게 자라는 것을 보며 느낄 수 있는 것, 바로 그 자체가 예라 할 수 있다.

난이 지니는 엽선(葉線)의 흐름 하나하나는 본능적으로 사람들로 하여금 그 선(線)의 미(美)에 매료당하게 한다. 난을 가까이 하는 순간 곡선의 완만하고 힘이 있는 그침, 부드러운 공간의 미를 알게 된다. 난은 그 자체가 이미 미술품(美術品)이기 때문이다.

난은 늘 푸르다. 늘 푸르므로 겨울의 추위 속에서도 독야청청(獨也靑靑)하는 소나무와 같은 절개를 지닌다. 절개는 선비의 도리다. 선비란 목에 칼이 들어와도 자신의 뜻과 지조를 버리지 않는 사람을 뜻한다. 뜻과 지조를 지키는 것은 사람의 살아가는 도리를 안다는 것이다. 도리를 안다는 것은 사람이 살아가는 가치를 안다는 것이다. 살아가는 가치를 아는 것은 선비의 도(道)를 아는 것이다. 그러므로 난의 의미를 아는 것은 사람의 살아가는 정도(正道)를 아는 것이다.

난은 보이지 않고 맛볼 수 없고 건드릴 수 없는 향(香)의 아름다움을 갖는다. 모든 물체에는 스스로 내는 방향(芳香)이 있다. 돌 부스러기, 물까지도 향을 느끼게 한다. 향은 그 물체가 내는 품위이다. 사람도 마찬가지다. 도를 아는 사람일수록 향이 있음을 느끼게 된다. 서둘러 많은 이야기를 하지 않아도 느낌만으로도 진실을 알 수 있게 한다. 향은 사람에게서 뗄래야 뗄 수 없는 품격이다. 스스로 내는 향 하나만으로도 주위에 절로 모이게 하는 것이 덕(德)이기 때문이다. 그러기에 난 하면 절로 향을 생각하게 되는 보이지 않는 격이 아름다움을 높인다.

난에는 자족(自足)의 아름다움이 있다. 많은 식물들은 햇빛과 수분과 영양이 많으면 자랄 수 있을 만큼 욕심껏 자란다. 그러나 난은 알맞게 자라 필요 이상의 잎장 수를 늘리지 않으며, 길이 또한 적당한 때에 자람을 중지한다. 스스로 족함을 안다는 것은 자기를 드러내지 않음이요, 자기 위치를 정확히 안다는 것이다. 자족의 아름다움은 욕심의 정화된 달관의 아름다움이다.

난의 아름다움은 조화의 미에서도 나타난다. 난은 긴 잎과 짧은 잎, 서는 잎과 숙인 잎, 그리고 서로 엉클어지기도 맞부딪혀 있기도 한다. 그 잎들이 분안에 뿌리를 담으면서 생명의 빛으로 존재한다. 생명의 빛으로 존재함으로써 선에는 자연스러움이 있다. 자연스러움에 조화롭게 공존하는 것이다. 조화롭다는 것은 모두가 제자리에 있을 때를 말한다. 모두가 제자리에 있다는 것은 자기 위치를 안다는 것이다. 자기 위치를 안다는 것은 다른 것의 위치도 인정한다는 것이다. 모든 것을 받아들일 수 있음이다. 그러기에 난에서 얻음 그 자체가 도라 할 수 있다.

난은 기다림의 아름다움을 가르쳐 준다. 난은 하루아침에 자라지 않는다. 새 촉이 나오고 그것이 자라서 벌브를 형성하고, 형성된 벌브에서 꽃을 피운다. 꽃을 피운 뒤면 다시 새 촉이 나오고 알게 모르게 시간이 흘러감에 따라 하나의 미술품으로 자란다. 난의 성장을 파악하여 난이 원하는 상태로 만들었을 때 비로소 하나의 미술품이 된다. 시간과 사랑의 정성이 빚어낸 아름다운 미술품은 오랜 기다림의 결과에서 오는 것이다.

난은 중용(中庸)의 미를 알게 한다. 난의 자연 상태는 공중도 아니고 땅속 깊은 데도 아닌 곳에 곁으로 뿌리를 뻗고, 하늘도 땅도 아닌 지표면의 부드러운 부엽토(腐葉土)에 자리를 한다. 비료가 너무 많아도 안 되고 너무 없어도

자라지 못한다. 물기가 너무 많아도 죽고 너무 적어도 안 된다. 햇빛이 너무 강해도, 너무 약해도 어렵다. 너무 습해도 안 되고 너무 건조해도 죽는다. 햇빛이 강하면 차광막을 하고, 약하면 햇빛의 역할을 할 장치가 필요하다. 배양토는 흙도 아니고 돌도 아닌 작은 알맹이를 쓴다.

모든 것이 중용이다. 풀이면서도 몇 년을 지탱하는 나무처럼 생명이 있고, 생명이 긴 나무처럼 오래 살지만 풀의 형태를 한 것도 중용의 도다. 우리는 난에서 중용의 도를 배운다.

난은 생명의 신비로움을 알게 하는 아름다움을 갖는다. 난을 가까이 하기 전에는 그다지 변하지 않는 그저 푸르기만 한 초본식물이라고 느낀다. 그러나 가까이 하게 되면서부터 난의 변화에 매료되고 만다. 난은 아주 여리디 여린 투명한 빛으로 각기 다른 빛을 띠고 개성 있게 새 촉을 내민다. 새 촉을 내밀 때의 환희를 맛보는 것은 난을 아는 사람들만의 세계이다.

난은 자라가면서 그때마다 각기 다른 위상으로 변화를 보인다. 꽃봉오리가 나오면 그 빛 또한 난마다 개성 있는 아름다움을 보여 준다. 투명하기도 하고 노랗기도 하고, 투명한 포의에 붉은 빛이 감도는 속살이 보이듯 눈부신 꽃봉오리의 빛이 있는가 하면 먹빛처럼 짙은 자색의 빛을 보여 주기도 한다. 꽃이 피면 또 어떤가. 꽃잎의 형태가 꽃마다 개성으로 나타난다. 둥그런가 하면 길기도 하고 두터운가 하면 얇기도 하고 정형인가 하면 변형도 보이는, 그러면서도 그 빛이나 형태는 어김없이 그 전해진 형질을 나타내는 생명의 경이로움을 갖는다.

그뿐이랴. 새 촉이 자라 잎의 형색으로 되었을 때 그 또한 본연의 모습을

어김없이 스스로 찾는다. 잎끝이 둥글어야 될 품종은 둥글고 잎끝이 뾰족해야 될 품종은 뾰족하고, 잎에 줄이 들어가는 품종은 줄이 들고 반점(斑點)이 들어갈 것은 반점이 들어간다. 모두 생명의 빛에서 나온 본래의 모습이다. 이런 것을 알게 되면 자연이 준 모습에서 인간의 모습을 깨닫게 되는 것이다.

난에는 희생의 아름다움이 있다. 모든 희생은 평상시의 좋은 상태에서는 필요성을 느끼지 못한다. 어려운 여건에서 그 어려움을 이겨 나가기 위해 어느 하나가 온 힘을 다른 것에 밀어 주는 것을 말한다. 생명까지 바치면서 주는 것이다. 난이 그러하다. 어미 촉과 어린 촉이 공존하다가 갑자기 날이 추워지는 어려운 상황이 되면, 본능적으로 어미 촉은 어린 잎으로 있는 힘을 보내 보호한다. 그럼으로써 적응이 된 어미 촉은 희생이 되어 죽고, 어린 촉은 강한 생명력으로 건강하게 버텨 나간다. 종족보존을 위해서는 자기보다도 어린 잎을 보호하는 특별한 모성애를 가진 것이다. 자기는 희생이 되더라도 어린 촉이 살면 같이 사는 것과 마찬가지이기 때문이다.

난의 아름다움은 효(孝)의 아름다움이기도 하다. 난은 투명하리만치 맑은 빛으로 잎을 내고, 그 잎이 자라서 벌브를 살찌우고 꽃을 피우고 새끼를 쳐 번식하고, 잎의 수명이 다하면 그 잎은 흐트러진 자세를 보이지 않고 오그라들지 않은 채 그대로 떨어져 나간다. 이는 꽃을 피운 후의 젊음이 지난 다음에 사그러지는 아름다움이다. 그러나 잎이 떨어진다 해도 그 벌브는 사그러지지 않는다. 후손들에게서 끊임없이 영양공급을 받기 때문이다. 식물 거의가 탄소동화작용을 하지 못하면 썩게 되지만, 난의 벌브는 오히려 생명의 빛으로 남아 있는 것이다. 난의 영광으로 남아 끊임없는 영양을 보급받는 효의 아름다움을 보게 한다. 그러므로 난은 대주(大株)로 있는 것을 좋아하고 세력이 불어 가는 것이다. 퇴촉 또한 그대로 있는 것이 아니라, 환경이 악화됐을 때 그 벌브에서 싹을 내어 숭고함마저 알게 한다.

난에는 나누는 아름다움이 있다. 난을 키우면 정성을 쏟은 만큼 번식의 보답을 받는다. 혼자 소유하는 것이 아니라 귀하지만 그 귀한 의미를 나눠 주는 기쁨을 알게 된다. 그것은 금란지교(金蘭之交)를 낳게 하는, 그래서 정이 오가는 것을 느끼고 서로를 더욱 가깝게 만드는 아름다움이다.

난에는 배움의 아름다움이 있다. 사람에게 배우는 것만큼 재미있는 일은 없을 것이다. 배움은 새로움을 가져오는 발전의 원동력이 된다고 할 수 있다. 난은 자기 스스로 좋아서 선택한 길이다. 그렇기 때문에 배우고 그것을 응용하는 일은 매우 즐겁게 행해진다. 배움은 하루아침에 이루어지는 것이 아니기에 난은 배우는 아름다움과 겸손을 가르친다.

난의 아름다움은 그 자체로 삶의 아름다움을 알게 한다. 난을 가까이 함으로써 모든 아름다움을 느낄 수 있는 것이다. 이렇듯 자신이 알게 모르게 그 아름다움들은 각자의 심성에 박히어 어느덧 아름다운 성정을 닮아간다는 데에 진정한 난의 아름다움이 있다.

2001년 4월 봄날

강법선

차 례

4 난의 아름다움에 대하여

15 난 이해하기, 하나

17 | 난이란

18 | 난의 특징

20 | 난의 분포

21 | 동양란과 서양란

24 | 난의 역사
동양 • 서양

30 | 순수한 본성, 소심의 세계

37 난 이해하기, 둘

39 | 난의 구조
지생란 • 착생란(풍란)

48 | 난의 종류
꽃잎의 모양에 따른 분류 • 꽃색에 의한 분류(화예품) • 꽃이 피는 형태에 의한 분류
잎의 형태에 의한 분류 • 잎에 원예적 가치가 있는 변이종의 분류(엽예품)

68 | 좋은 난 구입하기

68 | 난 배양에 필요한 용구
일반 관리에 필요한 용구 • 옮겨심기 · 포기나누기 할 때 쓰이는 용구

71 | 난실

73 | 난분

74 | 배양토
좋은 배양토란 • 배양토의 종류 • 배양토의 사용 • 심는 방법

80 | 갈아심기 · 포기나누기
언제 갈아심나 • 포기나누기를 할 때에는

84 | 물주기
봄철 물주기 • 여름철 물주기 • 가을철 물주기 • 겨울철 물주기

86 | 비료주기
비료의 용도 • 비료의 종류 • 비료 주는 요령

90 | 병충해 관리
곰팡이에 의한 병 • 세균에 의한 병 • 바이러스에 의한 병 • 충해

102 | 퇴촉 틔우기

58 | 다양한 복륜의 세계, 그 이해와 감상

105 우아한 자태가 매혹적인 동양란

107 | 춘란
한국 춘란 • 일본 춘란 • 중국 춘란 • 대만 춘란 • 오지 춘란

119 | 하란
건란 • 자란 • 옥화란 · 소엽란 • 풍란

125 | 추란
소심란

126 | 한란
한국 한란 • 일본 한란 • 중국 · 대만 한란

134 | 중투호 · 중압호의 아름다움

140 | 단엽종의 아름다움, 그 이해와 정의

145 동양란 기르기

147 | 춘란
봄 • 여름 • 가을 • 겨울

162 | 한란
온도 • 빛 관리 • 습도 • 물주기 • 비료주기 • 개화 관리

166 | 혜란
빛 관리 • 온도와 습도 • 물주기 • 비료주기 • 병충해 관리

169 | 풍란 · 나도풍란
봄 • 여름 • 가을 • 겨울

176 | 석곡

178 | 석부작, 목부작 만들기
재료와 시기 • 방법

152 | 한국 춘란 발색의 완성
156 | 난잎이 타는 원인

181 화려한 꽃이 아름다운 서양란

183 | 심비디움

기르기 봄 – 분갈이의 적기 • 여름 – 최대 생장기
가을 – 인산, 칼륨 성분의 비료를 주어야
겨울 – 추위에 강하지만, 최저 5도 이상 유지되도록

189 | 덴드로비움

기르기 봄 – 병충해 예방에 특히 신경을 써야 • 여름 – 물은 저녁에 준다
가을 – 물주기를 줄이고 저온 관리로 • 겨울 – 최저 온도를 5도로 유지한다

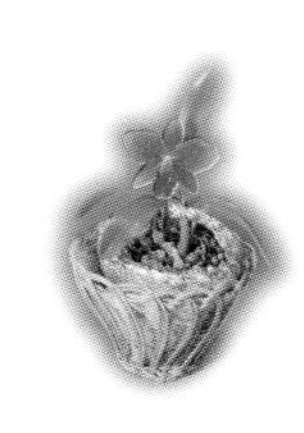

199 | 카틀레야

기르기 봄 – 포기나누기와 분갈이의 적기
여름 – 시원한 장소에 놓고 물을 충분히
가을 – 기온이 내려가기 시작하면 물주기를 삼가야
겨울 – 온도 관리에 특히 주의를 기울여야

205 | 파피오페딜리움

기르기 봄 – 분갈이에 적합한 시기 • 여름 – 고온일 때는 비료를 주지 말아야
가을 – 지는 햇빛을 쬐지 않도록
겨울 – 최저 10도이상, 최고 30도 이하로 관리

211 | 반다

기르기 봄 – 늦은 봄부터 분갈이 실시 • 여름 – 최대의 생장기
가을 – 생장이 멎는 계절 • 겨울 – 최저 15도 이상 유지해야

217 | 팔레놉시스

기르기 봄 – 분갈이의 적기 • 여름 – 생장의 최성기
가을 – 생장이 서서히 멎고 꽃눈이 발생하는 시기
겨울 – 추위에 약하므로 가급적 18도 이상 유지

223 | 온시디움

기르기 봄 – 싹이 자라기 전에 분갈이를 한다 • 여름 – 최대의 생장기
가을 – 꽃대가 약한 것에는 지주 세우기 • 겨울 – 13~15도를 유지해야

230 | 햇빛과 차광

부록 12개월 난관리 도표 •242

난을 구할 수 있는 곳 •266

난이해하기, 하나

Orchid Orchid Orchid Orchid Orch

난이란 | 난의 특징 | 난의 분포 | 동양란과 서양란 | 난의 역사

난이란

서양란 '버터볼' 난의 영어 이름인 오키드는 그리스어로 '고환'을 뜻한다. 이것은 난 품종 가운데 벌브나 순판이 남성의 고환과 닮은 개체가 있는 데서 유래되었다.

난(蘭)은 사람이 지구상에 출현한 약 100만 년 전보다 훨씬 이전인 약 2억 년 전에 나타난 것으로 추정된다. 난과 식물은 현재 전세계에 널리 분포하며 종류만도 약 3만여 종이 알려져 있어 국화과나 콩과 다음으로 많다.

난의 영어 학명인 '오키드(Orchid)'는 그리스의 철학자 데오프라스토스(Theophrastos)가 쓴 『식물발생학(The cause of plants)』에서 그 어원을 찾아볼 수 있다. 이 책에서 처음으로 난을 '오르키스〔Orchis, 그리스어의 testicle(고환)에서 어원을 찾음〕'라 표기했는데 그뒤 오키드로 변화되었다. 난 이름이 남성의 생식기인 고환(睾丸)을 뜻하는 말에서 유래하였다는 점이 사뭇 어울리지 않지만, 난 품종 가운데는 벌브(bulb)나 순판(脣瓣)이 남성의 고환과 닮은 개체도 있다. 오늘날 오키드는 식물분류학상 난과 식물군(群) 모두를 지칭하고 있다.

식물 이름에 '난'자가 붙어 있거나 혹은 잎이 길쭉하게 생겼으면 모두 난

군자란과 붓꽃 식물 이름에 '난' 자가 붙거나 잎이 길쭉하게 생겼다고 모두 난은 아니다. 예를 들어 문주란, 군자란(왼쪽), 용설란, 고란, 나비란 등은 난이 아니다.

으로 생각하기 쉽다. 그러나 문주란(文珠蘭), 군자란(君子蘭), 용설란(龍舌蘭), 고란(皐蘭), 나비란 등은 이름만 난이고, 잎이 길쭉하게 생긴 맥문동(麥門冬)은 약초, 화투에 그려진 5월 난초도 붓꽃으로 역시 난이 아니다.

난이라고 하면 기르기 어렵다고 생각하는 사람들이 많다. 그러나 난은 생명력이 강한 식물이므로 기본적인 생리를 이해하고 이에 알맞는 관리를 한다면 감상과 기르기의 즐거움을 톡톡히 누릴 수 있다.

난의 특징

식물은 꽃의 구조에 따라 상 · 하위 식물로 구분한다. 과거에는 국화과 식물이 가장 복잡한 구조의 꽃이라 해서 가장 진화된 식물로 다루었으나 오늘날에는 난을 가장 진화된 꽃으로 본다.

국화꽃과 난꽃 과거에는 가장 진화된 식물로 국화과(왼쪽)를 들었으나 최근에는 난과 식물을 꼽고 있다. 난꽃(오른쪽)은 일반 식물에서는 쉽게 볼 수 없는 좌우대칭의 꾸밈새이며 하나의 굵은 암술을 지닌다.

그렇다면 국화꽃과 난꽃의 구조는 어떻게 다를까? 국화꽃은 방사상(放射狀)의 꾸밈새이며 두상화(頭狀花)라 하여 200~300개의 꽃잎이 뭉쳐서 하나의 꽃처럼 보이는 생김새를 이루고 있다. 씨는 송이당 대략 100~300개를 얻을 수 있다.

이에 비해 난은 일반 식물에서는 쉽게 찾아볼 수 없는 좌우대칭의 꾸밈새이며 하나의 굵은 암술을 지녔다. 작은 기둥처럼 생긴 암술의 중간부에 굵게 뭉친 두 개의 꽃가루 덩어리가 붙어 있다. 벌과 나비 등이 암술의 밑동에서 분비되는 꿀을 먹기 위해 머리를 깊숙이 들이밀 때 꽃가루가 등에 묻게 되며, 이들이 빠져나가면서 꽃가루가 암술머리에 닿아 수정이 이루어진다. 이렇게 수정이 되면 한 송이의 꽃에서 10만 개가 넘는 엄청난 양의 씨를 만들어낸다. 이런 몇 가지 요소가 난이 국화보다 고등한 식물이라는 근거가 된다.

난은 살아가는 습성에 따라 착생란(着生蘭, 기생란寄生蘭)과 지생란(地生蘭)으로 나눌 수 있다. 착생란은 큰 나무의 줄기나 바위에 붙어 뿌리가 공중에

착생란과 지생란 착생란(풍란, 왼쪽)은 큰 나무의 줄기나 바위에 붙어 뿌리가 공중에 노출되어 있으며, 지생란(춘란, 오른쪽)은 일반 식물과 같이 땅에 뿌리를 내리고 산다.

노출되어 사는 종류로, 서양란의 대부분이 여기에 속한다. 동양란 가운데 뿌리에 항상 공기가 닿는 것을 좋아하는 습성을 갖고 있는 나도풍란(대엽풍란), 풍란(소엽풍란), 석곡(石斛)도 이에 속한다. 지생란은 일반 식물과 같이 땅에서 자라는 종류로 뿌리가 지표면으로 파고들어가며 일반적으로 굵고 길다. 춘란이나 한란 등 대부분이 해당한다. 그러나 지생란도 뿌리 생김새가 풍란의 뿌리처럼 착생란의 모양을 하고 있을 뿐만 아니라 땅에 뿌리를 내리고 있지만 땅속 깊이 들어가지 않고 부엽토(腐葉土)가 쌓인 지표 부근 수십 센티미터를 옆으로 뻗으면서 공기를 좋아하는 호기성(好氣性)을 나타낸다. 이것은 난 관리의 기본 지침이 된다.

난과 식물은 종류에 따라 매우 다양한 모습을 보이지만 꽃은 난과 식물 특유의 구조를 공통적으로 갖고 있다. 외관상으로 볼 때 꽃잎 하나가 혀와 같은 형태로 설화(舌化) 또는 변형되었으며, 완전 대칭을 이루고 있다.

난의 뿌리는 굵어지는 생장을 하지 않으나 일반 풀에 비해 현저히 굵다는 특색을 갖고 있다. 이것은 벨라민(velamen)층이라고 부르는 특수 조직이 뿌리의 맨 바깥쪽을 감싸고 있기 때문인데, 스펀지처럼 물을 빨리 빨아들이고 저장하여 오랜 가뭄에도 견딜 수 있게 한다. 또한 벨라민층은 탄력성이 있어서 뿌리 내부의 중요한 부분을 충격에서 보호해 주는 구실도 한다. 이 점 또한 난에 물을 줄 때 중요하게 생각해야 하는 특징이다. 벨라민층에는 수분이 많이 저장되어 있는데 물을 너무 자주 주면 뿌리가 썩게 된다.

난의 분포

지구상에는 약 800여 속(屬), 3만여 종(種)의 난과 식물이 자생하고 있는 것으로 알려져 있다. 유전공학의 발달로 매년 수많은 새로운 교배종이 생산되어 난과 식물군은 계속 늘어나고 있는 실정이다.

세계의 난과 식물 원종(原種)의 분포 상태를 살펴보면 동남아시아는 물론 만주나 사할린 등 영하 40～50도의 추운 지방에도 자생하는 등, 남극과 북극의 극한지대 그리고 적도상의 사막지대를 제외한 전세계에 분포하고 있다. 대부분은 북위 72도에서 남위 52도 안에 자생하며, 특히 북회귀선과 남회귀선 사이 연간 강우량이 1,500～2,000밀리미터 정도인 열대와 아열대 지방에 분포하고 있으며 다음의 3개 지역에 집중적으로 자생하고 있다.

이들 가운데 가장 다양한 종류의 난이 자생하는 곳은 동남아시아인데, 뉴기니와 태평양의 여러 섬, 남쪽으로는 호주, 뉴질랜드, 북쪽으로는 히말라야 산맥에서 미얀마, 말레이시아, 대만 등 열대 아시아에 이르는 넓은 지역에 걸쳐 있다. 이곳에서는 심비디움을 비롯하여 파피오페딜리움, 팔레놉시스, 반다, 덴드로비움, 셀로지네, 발보 등이 자생하고 있다.

두 번째로 미국의 플로리다주에서 멕시코, 파나마, 콜롬비아, 페루, 브라질에 이르는 중남미 지역에는 카틀레야, 레리아, 온시디움, 리카데스, 밀토니아, 발포필룸 등이 분포하고 있다.

세 번째로 아프리카 남부와 마다가스카르 및 그 주변에 안그레쿰, 엘란가스, 유로피아, 발포필룸 같은 종류가 분포하고 있다.

또한 중국에서는 북송(960～1126년)시대부터 주위에 자생하는 난을 기르기 시작하였고, 같은 한자권인 우리나라와 일본 역시 난 기르기를 즐겨하여 난이 주는 아름다움과 덕에 많은 관심을 가졌다. 이렇게 오랜 재배 역사를 갖고 있어 난을 고전 원예 식물이라고 한다.

동양란과 서양란

난과 식물은 식물학적 분류가 아닌 원예학상 편의에 의해 크게 동양란(東洋蘭), 서양란(西洋蘭), 야생란(野生蘭) 세 가지로 분류된다.

서양란은 서양에서 자라는 난이란 뜻이 아니라 동남아시아 일대와 남미, 브라질의 밀림지대나 멕시코, 아프리카 등의 열대 · 아열대 지방에 자생하며 영국을 중심으로 개발, 보급된 난을 가리킨다. 이에 반해 우리나라와 중국(대만 포함) · 일본에서 나는 심비디움속(*Cymbidium*)의 춘란(春蘭) · 한란(寒蘭) · 혜란(蕙蘭) · 금릉변(金稜邊)과 덴드로비움속(*Dendrobium*)의 석곡, 네오피네티아속(*Neofinetia*)의 풍란, 에어리데스속(*Aerides*)의 나도풍란을 동양란이라 부른다.

서양 사람들은 이 동양란을 오리엔탈 오키드(Oriental Orchid)라 부르지 않고 미니 심비디움(Mini Cymbidium)이라 부르고 있다. 심비디움이라 하면 서양란을 연상하게 되지만 그리스어의 '배 모양'이라는 뜻인 'Cymbe'에서 파생된 단어이며, 난의 설판(舌瓣)이 마치 배 모양으로 생긴 데서 이름이 붙여졌다. 그러나 일반적으로 동양란은 동양화(東洋畵)에 보이는, 잎이 길쭉한 난을 말한다.

우리나라와 일본의 난 애호가들은 자국 안에서 자생하는 난 가운데 나무나 바위에 붙어 사는 풍란속이나 나도풍란속, 석곡속 등 착생란에도 잎의 변이나 다양한 꽃의 품종이 있음을 발견하였다. 특히 일본에서는 원예화에 성공한 풍란의 변이종을 부귀란(富貴蘭), 석곡의 변이종을 장생란(長生蘭)이라 하여 동양란에 포함시키고 있다. 그리고 우리나라에서는 돌에 부착시켜 재배하는 석부작(石付作)이라는 독특한 난 문화를 발전시켰고 나도풍란까지 동양란에 포함시키고 있다.

1

2

1 덴파레(서양란)
2 대일품(동양란)
3 개불알꽃(야생란)
4 한라새우란(야생란)

이들 동양란에 속하지 않는 난을 야생란이라고 하며, 동양란은 아니지만 새우란, 자란, 타래란, 개불알꽃 등 원예에 성공한 일부 야생란도 난 애호가들에게 선호되고 있다.

난의 역사

동양

동양란은 동양인의 심성과 동양의 문화를 가장 대표적으로 담고 있어 재배 역사가 깊은 고전 식물(古典植物)이라 할 수 있다. 매년 새로운 교잡종이 수도 없이 만들어지고 조직 배양으로 대량 생산되는 서양란과 달리, 오늘날 전해지는 동양란은 모두 산에서 자생하던 원종이며, 대량 번식이나 인위적인 개체 증식이 아닌 자연적으로 늘어나 대부분이 순종(純種)으로 귀하게 여겨진다.

난이라는 단어는 기원전 6세기경에 중국의 공자(孔子, 기원전 552～479년)가 엮은 『시경(詩經)』에서 처음 찾아볼 수 있다. 『시경』은 기원전 12세기에서 기원전 6세기까지 불리워지던 시(詩) 모음집으로, 두 편의 시에서 '蕑' 또는 '蕑' 이란 이름이 등장한다. 이 시기에 난은 구애(求愛)의 물표 또는 여성의 아름다운 모습을 상징하였다.

중국 샤오싱의 난정 샤오싱은 천년의 난 재배 역사를 간직한 고장으로 아직까지도 우수한 중국 춘란이 많이 발견되고 있다. 이곳은 중국의 서성(書聖) 왕희지가 '난정(蘭亭)' 이란 글을 써서 서예인들이 즐겨 찾는다.

대원군 석파 이하응의 「사군자」

공자의 언행 및 문인(門人)과의 문답과 논의를 적은 책 『공자가어(孔子家語)』에도 난에 관한 이야기가 나오는데, 난은 이때 비로소 군자의 격에 비유된다. 그리고 중국 전국시대의 굴원(屈原, 기원전 343?~277?년)을 거치면서 여러 문인(文人), 묵객(墨客)들의 입에 자연스레 군자의 이미지로 오르내리게 된다.

난은 춘추시대 월(越)나라의 수도였던 샤오싱(紹興)에서 최초로 재배되었다고 하며, 본격적으로 원예 재배된 시기는 북송시대 중기 이후로, 남송시대에는 크게 성행하였다. 즉 난이 완상(玩賞)의 대상으로 가꾸어진 것은 북송시대인 11세기 중엽이며, 남송시대에 이르러서야 활짝 꽃피우게 된다.

13세기에는 『금장난보(金障蘭譜)』, 『왕씨난보(王氏蘭譜)』 등 난에 관한 여러 책들이 저술되었다. 또한 문인들 사이에 묵란화(墨蘭畵)가 유행하여 명대(明代)에 이르러서는 수묵사군자(水墨四君子)로 자리잡았다.

우리나라에서 난의 역사가 시작된 시기는 고려 말로 알려져 있다. 『양촌집(陽村集)』에 의해 난이 우리 화훼 문화의 일부분으로 자리잡게 된 때를 우리나라 난 역사의 시작으로 본다면, 고려 말 최초의 난인(蘭人)인 난파(蘭坡) 이거인(李居仁, ?~1402년)이 난을 아껴 기르던 14세기로 거슬러 간다.

『양촌집』 제1권을 보면 '난죽장(蘭竹章)' 이란 제목의 고시(古詩)가 있는데, 여기에 이거인이 산에서 채집한 난을 길러서 왕에게 바쳤다는 사실이 기록되어 있다.

또한 조선시대에 간행한 『산림경제(山林經濟)』나 『임원십육지(林園十六志)』, 『양화소록(養花小錄)』 등의 고문헌을 살펴보면 '생호남연해제산자품가(生湖南沿海諸山者品佳)' 라는 기록이 곳곳에 보인다. 이것은 호남 지방에서 난이 채집되었다는 내용으로 이미 한국 춘란에 관심을 가졌음을 알 수 있다. 그러나 선비들은 향(香)을 중요하게 여겼으므로 향기가 없는 한국 춘란이 널리 가꾸어졌다고는 볼 수 없다.

한국 춘란이 보다 널리 알려지게 된 것은 1970년대 후반부터이다. 난을 좋아하는 소수 사람들의 취미계(趣味界)는 1981년 후반부터 보다 확산되어 난 기르기를 호사(豪奢)로만 여기던 인식이 달라지고, 난을 보는 사람들의 안목도 높아졌다. 이에 따라 우수한 한국 춘란의 자생지를 찾고 채집한 난을 기르기 시작했다.

우리 난에 대한 애착은 꽃이 예술적인 가치가 있는 품종과 잎에 무늬가 들거나 재배 가치가 있는 것을 찾아 품종으로 체계화하였다. 이들은 화예품(花藝品)과 엽예품(葉藝品)으로 구분되는데, 한국 춘란의 소심(素心)을 찾는 것에서 시작하여 홍화(紅花)·황화(黃花)·자화(紫花)·복색화(複色花) 등의 색화(色花)와 복륜반(覆輪斑), 중투호(中透縞), 호피반(虎皮斑), 사피반(蛇皮斑), 단엽종(短葉種) 등으로 모습을 드러내었고, 세계에 내놓아도 자랑스러운 한국 춘란 품종들이 많이 발견되었다. 이 난들은 외국산과 비교하여 품종의 우수성이 입증되었으며 우리나라를 대표하는 원예 식물이 되었다. 이제는 난 문화와 난 전시회, 난 동호인 모임 등의 말이 낯설지 않게 되었으며 동호인도 기하급수적으로 늘어났다.

한국 춘란은 우리 것에 대해 강한 자긍심을 갖게 하였다. 외국의 난에 비해 꽃의 형태가 단정하고 특유의 색을 발현하는 색화가 출현하는 등 수준 높은 화예품이 배양되고, 엽예품 역시 무늬의 색이 뚜렷이 대비되는 등 우수품들이 대거 출현하여 한국 춘란을 아끼는 난 애호가들에게 더욱 각광을 받게 되었다.

또한 전시 문화가 정착되어 매년 봄, 가을에 난의 아름다움을 감상할 수 있는 전시회가 전국에서 열리고, 국내의 관람객뿐만 아니라 외국인들의 방문도 줄을 잇게 되었다. 최근 우리나라에서는 동양란을 이용한 품종 개량으로 유향종(有香種)까지 개발되고 있으며 심비디움, 덴드로비움 노빌계로 시작된 서양란의 대량 생산은 팔레놉시스, 덴파레로 더욱 확대되었다.

서양란이 본격적으로 도입된 시기는 1960년대 말이다. 그동안 국내 유통량의 대부분은 일본, 태국, 필리핀 등 몇몇 나라에서 거의 전량을 수입하였으나, 1970년대부터 재배 농가들의 꾸준한 노력과 정부의 지원으로 어린 묘종〔幼苗〕의 생산 및 상품으로 출하하기 위한 난인 개화주(開花株)의 재배가 가능해졌고 외국에까지 수출하기에 이르렀다.

서양

앞서 언급한 것처럼 그리스를 대표하는 철학자이자 식물학자인 데오프라스토스는 자신의 저서 『식물발생학』에서 처음으로 난을 '오르키스' 라고 표기했다. 이를 통해 이 시기에 이미 난에 대해 관심을 가지고 있었음을 알 수 있다.

이후 1753년 근대 식물학의 아버지라 불리는 스웨덴의 식물학자 린네(Carl von Linné)가 『식물분류학(Species Plantarum)』에서 난의 속명(屬名)을 '에피디다므' 로 정리하였다. '에피디다므' 는 나무 위에서 산다는 뜻으로, 맨 처음 유럽에서 난을 가져온 여행자들이 모든 난의 특성을 '착생(着生)하며, 결국 지상에는 없고 나무에 붙어 뿌리를 자유롭게 늘어뜨리고 있다' 고 한 데서 비롯되었다.

18세기에 들어서 항해술(航海術)의 발달은 세계 각국, 특히 신대륙의 생물이 유럽에 소개되는 계기를 마련하였다. 산업혁명기인 18세기 후반부터 19세기 말에 이르는 기간 동안 식물 가운데 특히 이국적인 정서를 북돋는 열대의 난은 고귀함의 상징이 되었다. 난에 대한 끝없는 욕구를 채우기 위한 노력은 난을 전문으로 채집하는 난 헌터(Orchid Hunter)를 탄생시켰다. 난 헌터들은 지도에도 없는 무수한 강과 인적이 닿지 않은 빽빽한 삼림 등 위험한 지역으로 난을 채집하러 다녔다. 당시 난 헌터들의 모습은 진화론을 제창한 찰스 다윈(Charles Darwin)의 저서 『항해기(The Voyage of the Beagle)』에 생생하게 묘사되어 있다.

다윈은 프랑스의 어떤 난 헌터를 묘사하였는데, 그는 새까맣게 무리지은 벌레들이 독침을 갖고 있어 아무도 나무에 오르려고 하지 않고 심지어 수풀 속으로 채집하러 갈 엄두도 내지 못할 때 유일하게 나무에 올랐다. 난을 구하기 위해 나무에 올랐다는 이야기를 이해하기가 어려울 수도 있다. 그러나 당시에 이것은 난 채집을 위해 당연한 과정으로 여겨졌다. 앞서 설명한 대로, 린네가 모든 외국산 난이 나무 위에 산다는 뜻에서 속명을 '에피디다므' 로 지었기 때문이다.

19세기 영국에서는 귀족과 상류 사회에서 난의 재배가 성행하여 단순한

그림에 나타난 서양란 산업혁명기부터 19세기 말에 이르러 이국적인 정서를 북돋는 열대의 난은 고귀함의 상징이었다. 그림은 1848년 히말라야에서 론덴드륨을 채집하는 존 달톤 후커 경의 모습이다.

취미 차원을 넘어 사업상의 재배도 호황을 누렸다. 불처럼 일었던 난에 대한 관심은 난 헌터들의 활약과 함께 1930년경까지 이어졌다.

많은 난 헌터들은 황금을 찾듯 새로운 품종을 구하기 위해 세계의 정글을 누볐고, 이들이 채집한 난 가운데는 같은 무게의 금보다 비싼 것도 있었다. 그러나 부(富)를 낳는 가치만을 가진 금과 달리, 난은 그 자체만으로도 인간을 매료시키는 불가사의한 요염함, 선명한 빛깔, 흥미를 끄는 무수한 종류가 있어 그 이국적인 정서에 매료된 난 헌터들은 이 꽃을 구하기 위해 위험을 감수하고 때로는 목숨을 잃기도 했다.

오늘날 서양란은 원종의 수만도 약 700속 2,500여 종이 되며 인공 교배에 의한 개량 품종도 약 3만 종에 이르고 있다. 현재 재배의 주류를 이루고 있는 것은 카틀레야, 심비디움, 덴드로비움, 팔레놉시스, 파피오페딜리움, 반다, 온시디움, 에피덴드럼 등 8대 속이다.

난 구입 요령

난을 구입할 때 종류나 상태에 따른 가격 차이가 애매할 때가 많다. 공산품처럼 가격이 정해져 있는 것은 아니지만, 상작(上作)은 아주 잘 자란 상태를 의미한다. 조건은 첫째, 잎 매수가 종류에 따라 약간의 차이는 있겠지만 최소한 3~4매 정도여야 한다. 옥화, 건란, 보세, 소심류는 3~4매, 춘란류 일경일화는 5매, 일경구화는 7매 이상이어야 한다. 둘째, 벌브가 굵고 윤기가 나며 탄탄하고 푸른빛이 돌아야 한다. 셋째, 떡잎이 싱싱한 것, 넷째, 잎에 병이 없어야 한다. 다섯째, 꽃이 필 수 있는 개화주이어야 하는데 엽예품은 제외된다.
중작(中作)은 잎장 수와 벌브의 상태가 좀 떨어지고 미개화주이며, 이보다 못 자란 상태를 하작(下作)이라 한다. 상작과 하작의 가격 차이는 배(倍) 정도이고 중작은 그 중간 가격이다.

순수한 본성, 소심의 세계

우리가 추구하는 난인(蘭人)의 도(道)는 높고 숭고하고 고요하고 순수하기에, 감히 난을 하는 사람들 중 아무나 난인이라 부르지 못하고 추구하는 도의 표본자로서 난인을 추구한다. 그래서 난을 좋아하고 도를 닦는 차원까지 생각하는 사람들을 애란인(愛蘭人)이라고 겸손하게 표현하는 것이다. 이러한 모든 것이 난을 하는 바탕인 최초의 걸음이자 끝까지 고수해야 할 숙제임을 난을 하는 사람들은 알고 있다.

이것은 맑고 깨끗하고 순수하고 고요하여 잡티를 허용하지 않는 우리 인성의 근본에서 오는 것이다. 근본이란 말은 말 그대로 사물이 생겨나는 데 바탕이 되어 그 위에 역사가 이루어지는 것이다. 이것을 한자로는 소(素)로 표현한다.

소와 소심의 의미

소(素) 자는 보통 희다는 뜻으로 쓰이지만 더 넓게는 근본, 본바탕, 성질(타고난 바탕)이란 뜻도 갖는다. 난을 할 때도 근본이나 바탕이 바로 소이고, 이것을 기대하고 찾고 지향하는 것이 바로 우리 마음이다. 그래서 만들어진 것이 소심(素心)이다. 즉, 난을 하는 본바탕 마음이 바로 소심이라는 말이다.

난을 하면서도 이렇듯 추구하고 닦아야 하는 마음 바탕이 바로 소심이기에, 우리는 소심이란 용어가 나온 경위를 이해해야 난을 하는 자세가 바로 선다고도 할 수 있겠다. 이 용어를 난에 붙여 주는 것 또한 난을 하는 근본 마음이라는 뜻이기에, 그 난 역시 우리에게 의미심장하게 와닿는 것이다.

그렇다면 소심은 어떠한 난인가. 바탕이 같고 맑고 깨끗하고 잡색이 끼지 않은 순수하고 고요한 난을 말한다. 이것이 우리 마음의 본질과 같은 것은 그만큼 이 용어가 잘 만들어져 있다는 것이다. 근본 바탕이 같다는 말에는 아주 중요한 뜻이 담겨 있다. 보통 애란인들이 생각하는, 혀가 희고 녹색인 꽃으로 생각해서는 여러 가지 착각을 하게 되기 때문이다. 이처럼 용어의 깊은 뜻이 녹아 있음을 이해하지 않으면 난 하는 기본 태도가 달라지고 난을 이해하는 마음도 달라지게 된다.

일본 춘란계에서는 소심과 백화(白花)라는 의미를 같이 쓴다. 소심을 혀가 하얀 꽃이라고 이해했기 때문이다. 그래서 혀가 하얗기만 하면 포의에 잡선이 끼거나 화경에 적(赤)이 끼어도, 꽃에 근(筋)이 살짝 나타난 것에도 소심과 백화를 잘못 사용할 수가 있기 때문이다. 물론 정확한 의미를 아는 사람들도 많지만, 틀려도 틀렸다고 잘 말하지 않는 것이 일본인들의 속성이다. 뿐만 아니라 1989년 우리나라에서 열린 큰 전시회에서도 이같은 착각을 하여, 포의와 화경에 잡색이 있는데도 불구하고 혀가 하얗다는 것 하나만 가지고 소심이라고 표기를 하였다. 그 난은 많은 사람들이 아주 좋은 난으로 여겼으며 인기도 대단했던 것으로 기억한다. 그러나 그것은 난을 보는 근본이 잘못 된 부끄러운 이야기다.

그럼, 이 소심이란 용어는 언제부터 쓰인 것일까. 소심이란 용어는 1,100여 년 전부터 중국에서 사용했다는 흔적이 있다. 그뒤 난 가운데 소심을 귀하게 생각하여 벽취녹투(碧翠綠透, 푸르고 맑아 투명함이 더할나위 없이 아름답다), 결백무하(潔白無瑕, 깨끗하고 하얗고 티가 없다)라고 표현하였다. 또 송원시대의 『왕씨난보(王氏蘭

譜)』와 『금장난보(金漳蘭譜)』에도 색벽여옥(色碧如玉, 소심은 색이 파래서 빛이 옥과 같다)이라 표현하였다.

중국의 청조 때에도 이미 난의 귀한 서열을 이야기했는데, "매판소 제일 수선소 제이 하화소 제삼 매판 제사 수선 제오 하화 제육(梅瓣素 第一 水仙素 第二 荷花素 第三 梅瓣 第四 水仙 第五 荷花 第六)"이라 하였다. 지금도 난을 보는 눈은 같아서 매판소심을 제일로 치고 그 다음이 수선판소심, 다음이 하화판소심, 매판, 수선판, 하화판 순으로 가치를 둔다. 이 서열은 대단히 중요한 것으로 이에 대한 반론은 거의 없다. 또 중요한 것은 아무리 소심이라도 매판,수선판, 하화판이 아니면 설점이 있는 매판, 수선판, 하화판 다음이라고 취급하고 있다. 이때 원판화(圓瓣花)는 거의 매판이나 하화판에 준하기 때문에 상당히 높은 것이 된다. 또 사군자 중 난을 치는 그림에는 소심과 설점이 박힌 홍심을 찾았다는 화제(畵題)를 쓰기도 하여, 소심을 찾는 마음이 현재의 우리 마음과 다름없었음을 알 수 있다. 이러한 정도로 난을 평하고 감상하는 것이 정립되어 있지만 엽예품이나 색화에 대해서는 다루지 않고 있다. 그만큼 중국난을 보는 눈은 빛깔이나 꽃의 형태를 중요시한 것이다.

한국 춘란과 소심

우리나라에는 빛깔, 꽃의 형태에서뿐만 아니라 깜짝 놀랄 만한 소심들이 많아서 자긍심을 갖게 한다. 꽃이 녹색이면서 화형(花形)이 풍만한 원판화소심(圓瓣花素心)을 비롯하여 중투호의 잎에 핀 중투화소심(中透花素心), 화형은 물론 색상이 두드

난이해하기, 둘

Orchid Orchid Orchid Orchid Orch

난의 구조 | 난의 종류 | 좋은 난 구입하기
난 배양에 필요한 용구 | 난실 | 난분 | 배양토 | 갈아심기 · 포기나누기
물주기 | 비료주기 | 병충해 관리 | 퇴촉 틔우기

난의 구조

난을 잘 기르기 위해서는 먼저 난의 구조와 생태적 특성을 이해하는 것이 중요하다. 난은 땅에 뿌리를 고착시키는 지생란과 바위나 나무에 붙어 뿌리를 공중에 노출시키는 착생란의 두 종류가 있다. 이 두 가지의 구조를 이해하면 난을 기르는 데 크게 도움이 된다.

지생란

식물의 기본형은 잎, 줄기, 뿌리로 구성되어 있다. 일반인들이 볼 때 난에는 줄기가 없는 듯하지만 흔히 말하는 벌브, 식물학상으로 말하는 위구경(僞球莖) 또는 가구경(假球莖)이 줄기에 해당한다.

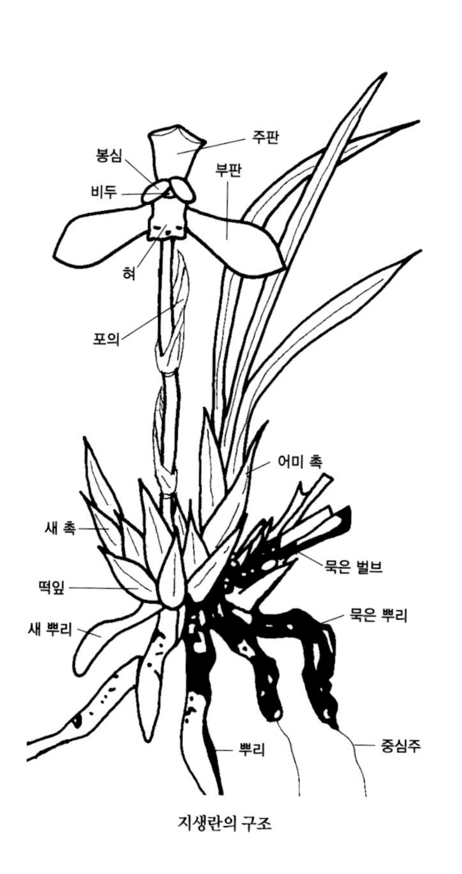

지생란의 구조

일찍이 동양권에서 재배한 난은 대부분 이러한 지생란의 구조를 갖고 있다. 사군자를 그린 옛 수묵화에서 볼 수 있는 난 역시 이러한 형태이다. 서양에서 기르는 난은 열대 지방에서 자라던 것으로 구조는 비슷하게 갖추고 있지만 잎이 넓고 길며 꽃도 화려한 대형화이다.

다음에서 지생란의 각 부분을 자세히 알아보자.

뿌리 식물의 생장에서 뿌리는 가장 중요한 역할을 한다. 땅속 깊이 뻗어 식물체를 지탱하고 아울러 흙 속의 물과 양분을 빨아올린다. 이 물과 양분이 잎에 공급되면 탄소동화작용을 하고 줄기와 잎을 자라게 하거나 꽃을 피우는 일련의 생명 활동을 연장한다. 난의 경우도 뿌리가 건실해야 길게 자라고 잎과 벌브 모두를 건실하게 키울 수 있다. 외관상으로는 국수처럼 생겼는데 진짜 뿌리는 그 속에 철사처럼 가늘게 생긴 질긴 것이다. 진짜 뿌리를 중심주(中心柱)라 하고, 중심주를 둘러싸고 있는 한 층의 세포는 내피층(內皮層), 중심주와 내피층을 보호하는 외피층(外皮層)과 표피(表皮)가 있다.

난의 뿌리 국수 모양으로 생겼는데, 진짜 뿌리는 철사처럼 가는 중심주이다. 특이한 점은 표피 세포로부터 발달된 벨라민층이 물을 저장하고 뿌리 내부의 중요한 부분을 보호하는 역할을 한다.

난을 기르다 보면 뿌리가 흙 밖으로 노출되어 햇빛이 닿은 부분에 엽록소가 생겨서 파랗게 변하기도 하는데, 이러한 현상은 외피층과 표피 부위에서 일어난다. 외피층을 다시 한 번 감싸고 있는 조직이 벨라민층(근피)이다. 표피세포에서 발달된 특수 조직인 벨라민층은 스펀지 모양을 한 해면체(海綿體)로 그 표면에 물이 닿으면 급속도로 빨아들여 저장하는 역할을 한다. 이를 두고 저수조직(貯水組織)이라 부르기도 한다. 그러나 공기 중의 습기를 흡수하지는 못한다. 탄력이 있어서 내부의 중요한 부분을 충격으로부터 보호하는 역할도 하며, 흙 위로 노출될 경우 내부 조직의 건조를 막아 준다. 난은 뿌리 조직을 두껍게 감싸고 있는 벨라민층으로 인해 일반 식물처럼 산소를 쉽게 받아들일 수 없다. 따라서 난을 기를 때에는 되도록 통기성(通氣性)이 좋은 배양토를 사용해야 한다.

난의 씨앗은 싹이 트는 데 필요한 양분을 전혀 갖고 있지 않다. 그러므로 싹을 틔우기 위해서는 난의 뿌리에 공생(共生)하는 난균(蘭菌)의 도움을 받아야 하는데 이것은 매우 어려운 일이다. 많은 수의 씨가 만들어지지만 싹틀 수 있는 것은 극히 일부이며 이러한 사실이 난을 귀한 식물로 여겨지게 한다.

난 뿌리에 있는 난균은 신선한 공기를 좋아하는 호기성(好氣性) 균이다.

분을 흡수하기도 하며 더운 날에는 기공을 닫아 수분 증발을 억제한다. 전자현미경으로 보면 기공과 기공 사이가 흰 균사로 연결되어 있는데 기공을 통해 병원균이 침입하고 있는 것으로 분석된다. 약제 등을 살포할 때 잎 뒷면에 해야 한다고 강조하는 것은 이같은 이유에서이다.

단자엽 식물은 잎 중앙을 중심으로 잎맥이 평행을 이루고 있다. 난 역시 단자엽 식물로 잎맥과 잎맥 사이의 엽록소 형성 상태에 따라 갖가지 무늬가 형성되는데 이처럼 복잡한 메커니즘으로 많은 엽예품을 만들어내고 있다.

새 촉 난의 눈〔芽〕은 두 장의 포의(苞衣)에 싸여 추위와 외부의 충격에서 보호되고 있으며 본잎이 나오기에 앞서 이탈층이 없는 얇은 떡잎이 나온다. 난 애호가들은 치마잎이라고도 부르는데, 이 잎이 난의 특성을 잘 간직하고 있으므로 새 촉이 나올 때 색상이나 무늬들을 잘 파악해 두어야 한다.

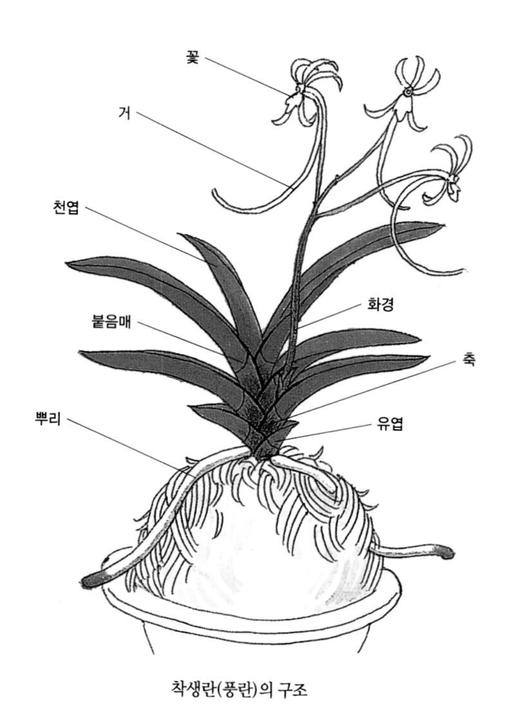

착생란(풍란)의 구조

착생란(풍란)

풍란은 따뜻한 남쪽 지방 바닷가 절벽이나 나뭇가지 등에 붙어 사는 착생란이다. 종류로는 소엽을 가진 풍란이라 불리는 종과, 대엽을 가진 나도풍란이 있다.

잎 풍란의 잎은 다른 난들과는 달리 매우 두터우며 단단하고 잎 끝이 뭉툭하고 뾰족하다. 또 잎의 붙음새를 잘 보면 가로로 한 줄의 선이 달리고 있음을 알 수 있다. 풍란의 잎은 오래되면 이 선을 경계로 하여 살며시 말라 떨어져 나간다. 이 선을 '붙음매' 라고 부르며 품종에 따라서는 그 붙음매의 모습으로 특징을 찾을 수 있다. 똑바로 곧게 간 일자형(一字型), 둥글게 굽은 달형〔月型〕, 중앙부만이 패인 활형〔弓型〕, 반대로 중앙부가 볼록한 산형(山型), 물결 모양을 한 파형(波型) 등이 있다.

꽃 가을에 풍란의 엽액(葉腋)을 보면 작은 싹이 조금 머리를 내밀고 있는 것을 볼 수 있다. 이 싹이 그대로 겨울을

풍란의 꽃망울

넘기고는 초여름에 꽃자루를 뻗어 맨 끝에 4~10개의 꽃을 피우며, 한 촉 만 있어도 실내 가득 감향(甘香)에 잠기게 된다.

풍란의 꽃은 다른 동양란에서는 볼 수 없는 특징으로 꽃의 뒷부분에 길게 휘어진 수염〔보통 거(距)라고 한다〕이 있다. 나도풍란보다 풍란에 크게 발달하였으며 야생란에서 흔히 볼 수 있다. 수염이 한 자리로 고정되면 비로소 향기를 뿜기 시작한다.

개화기는 기후에 따라 다소 이르고 늦음이 있으나 6월 초순부터 8월 초순까지로, 꽃을 감상할 수 있는 기간은 약 2주 정도이다.

뿌리 풍란은 착생란으로 희고 굵은 뿌리를 길게 내리고 있다. 나무나 바위에 붙어서 공기와 습기를 빨아들여 양분으로 삼는다. 다른 난의 뿌리보다 공중 질소 고정 능력이 강하고, 호흡작용과 탄소동화작용도 하는 특징이 있다.

일반적으로 1년에 두 차례 신장한다. 첫번째 신장기인 4~6월에는 그해 자라야 할 길이의 대부분이 자라고, 9월경에 두 번째 신장을 하는데 이때는 겨울을 나기 위한 양분 축적을 목적으로 미약한 성장을 하는 데 그친다.

풍란 뿌리의 끝부분은 생장점으로 엽록소가 있기 때문에 신선한 푸른빛으로 보인다. 그러나 어떤 것은 이 부분이 적갈색 또는 핑크색 등 아름다운 빛깔로 물들어 있다. 이처럼 특수한 빛깔의 근관 역시 풍란에서만 볼 수 있는 특징이다.

달형 붙음매 난잎이 붙어 있는 자국에 따라 풍란의 특성을 나누고 품종을 구별한다. (원 안)

붙음매형의 종류

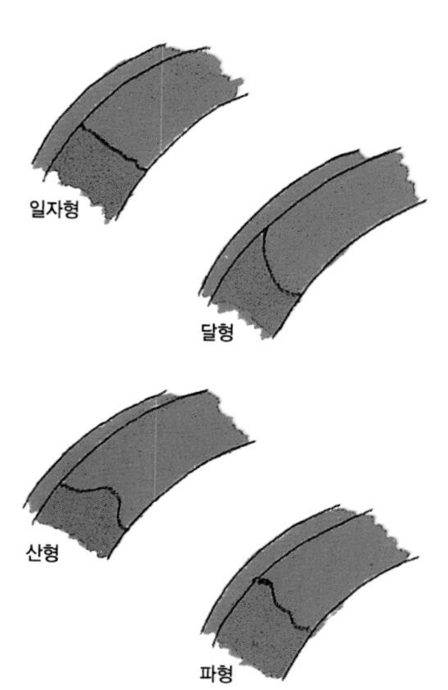

난의 종류

난꽃은 녹색의 꽃잎을 갖는다. 녹색은 안정감을 주고, 젊고 힘이 있으며 거짓이 없는 색이다. 그러나 녹색 꽃이 너무 흔하기 때문에 꽃의 색이 다르거나 형태가 독특하게 변이된 품종에 원예적으로 가치를 두게 되었다. 잎도 녹색이 기본을 이루는데 무늬가 들거나 잎의 형태가 다르거나 크기가 다른 품종을 역시 귀하게 여겨 원예화하였다.

이렇게 꽃이 예술적 가치가 있게 변화하였다고 하여 '화예품', 잎이 예술적 가치가 있게 변화하였다고 하여 '엽예품'으로 나누고 있다.

다음에서 꽃잎의 모양과 색깔에 따라 또는 잎의 모양에 따라 다양하게 나타나는 난의 종류를 살펴보자.

꽃잎의 모양에 따른 분류

매판(梅瓣) 꽃잎의 생김새가 매화와 비슷한 느낌을 주는 것을 말한다. 꽃잎의 끝부분이 둥글고 꽃이 붙은 밑부분은 가늘어서 단단해 보이며, 두텁다. 봉심에는 반드시 투구〔兜〕라는 단단하면서도 유연하고 두터운 살덩이가 있어 꽃을 조화롭게 해 준다.

수선판(水仙瓣) 수선화의 꽃 모양을 닮았다고 하여 붙여진 이름이다. 꽃잎의 밑에서부터 중간까지는 가늘고 중간부터 넓어지며, 봉심에는 반드시 투구가 있어야 한다. 수선판의 잎은 대부분 가늘면서도 또한 활달한 인상을 준다.

하화판(荷花瓣) 꽃잎이 특히 넓고 크며, 끝이 둥글게 말려들어가 연꽃잎을 연상케 한다. 대부분 꽃대가 짧아 잎의 곡선을 그대로 드러낸다.

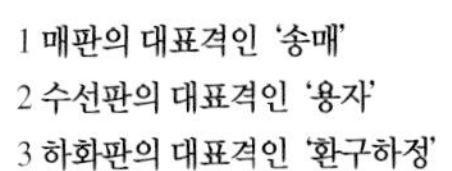

1 매판의 대표격인 '송매'
2 수선판의 대표격인 '용자'
3 하화판의 대표격인 '환구하정'

꽃색에 의한 분류(화예품)

소심(素心) 꽃잎에 녹색과 흰색 외의 다른 색이 섞이지 않고 혀〔舌瓣〕에 점이 없는 것. 꽃대나 포의에도 다른 색이 들지 않은 깨끗하게 핀 꽃이다.

백화(白花) 꽃잎의 바탕이 흰색인 꽃이다.

홍화(紅花) 꽃잎에 도홍색(桃紅色)이나 적홍색(赤紅色) 계통이 물들어 있으며 황색기가 없는 꽃이다.

황화(黃花) 녹색이나 황록색에서 황색으로 물들어 피는 꽃이다.

자화(紫花) 홍색 또는 짙은 자색(紫色)을 포함한 자색을 띠는 꽃이다.

복색화(複色花) 난꽃의 기본색인 녹색에 황색이나 백색 등의 색이 두 가지 이상 동시에 나타나는 꽃이다.

두화(豆花) · 원판화(圓瓣花) 꽃잎이 짧거나 둥글어 꽃의 중심에서 둥글게 원을 그렸을 때 원 안에 꽃잎이 가득찰 정도로 둥근 형태를 갖는 꽃을 원판화라 하고, 일반적인 난꽃에 비해 크기가 작은 꽃을 두화라 한다.

색설화(色舌花) 혀에 본래의 설점 형태가 아닌 홍색이나 도색(桃色), 자색 등이 고르게 물들어 있는 꽃을 말한다.

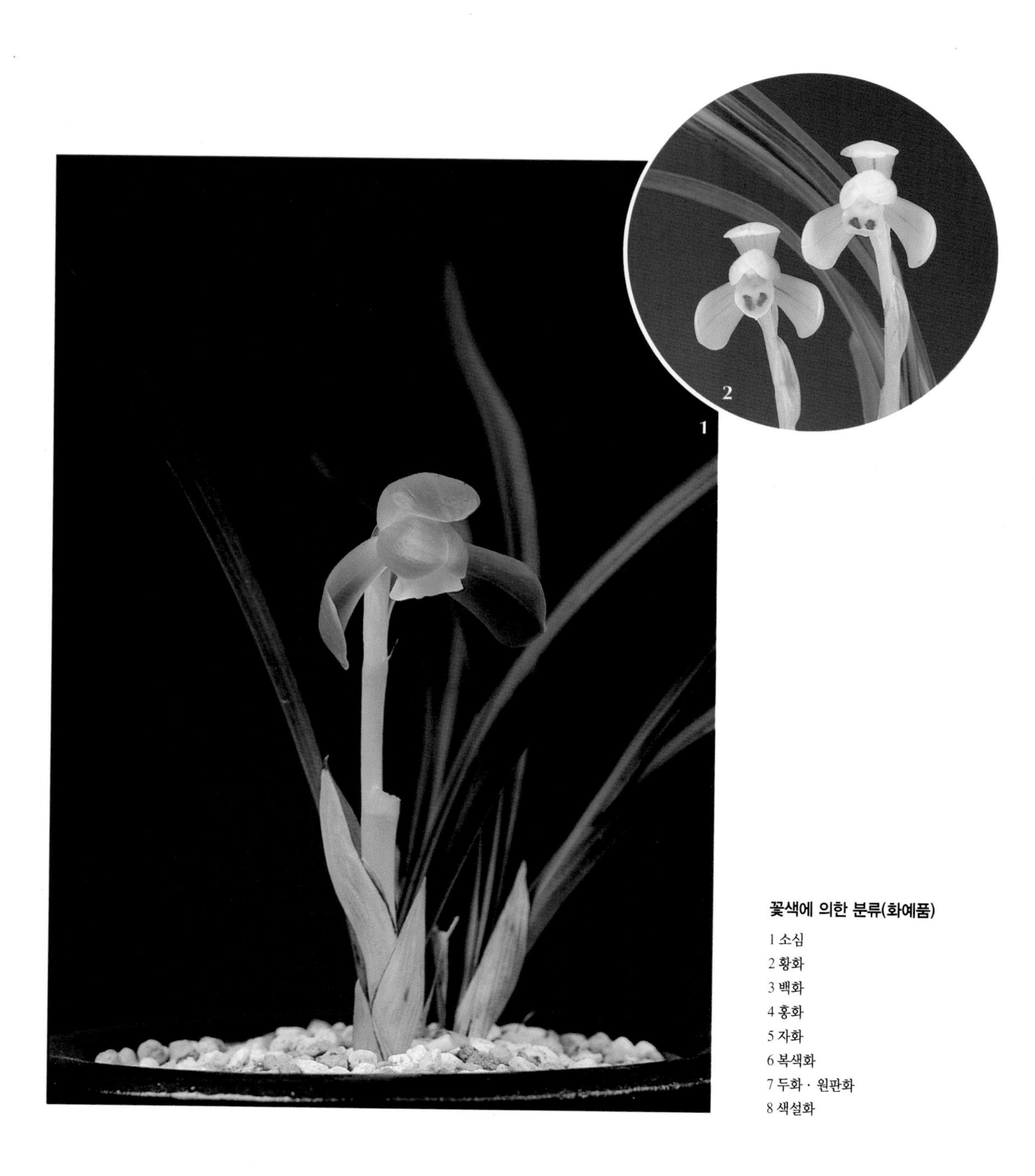

꽃색에 의한 분류(화예품)

1 소심
2 황화
3 백화
4 홍화
5 자화
6 복색화
7 두화 · 원판화
8 색설화

꽃이 피는 형태에 의한 분류

호접피기 부판이 정형으로 피지 않고 혀 형태로 피는 특이한 형태.

팔중피기 기본적인 잎 매수보다 훨씬 많은 꽃잎이 겹쳐 피는 것.

모란피기 꽃잎이 모란꽃처럼 겹으로 피는 것.

삼예기화 두 개의 봉심이 혀처럼 변해 뒤로 반전하는 형태인데, 3매의 혀가 중심에서 방사상으로 위치하여 매우 정연한 자세.

계단피기 일반적으로 춘란은 꽃대 하나에 하나의 꽃이 피는데, 계단피기는 기형적으로 여러 개의 꽃이 층을 이루어 핀 것.

잎의 형태에 의한 분류

입엽(立葉) 잎이 비스듬하게 위를 향해서 뻗어 있으며 잎 끝이 늘어지지 않은 모양.

중입엽(中立葉) 비스듬히 위로 뻗은 상태에서 잎 끝이 약간 늘어진 상태.

중수엽(中垂葉) 기부에서 잎의 중간 부분까지는 대체로 곧다가 잎 중간부터 늘어진 상태.

수엽(垂葉) 잎 끝이 원호를 그리며 늘어진 상태.

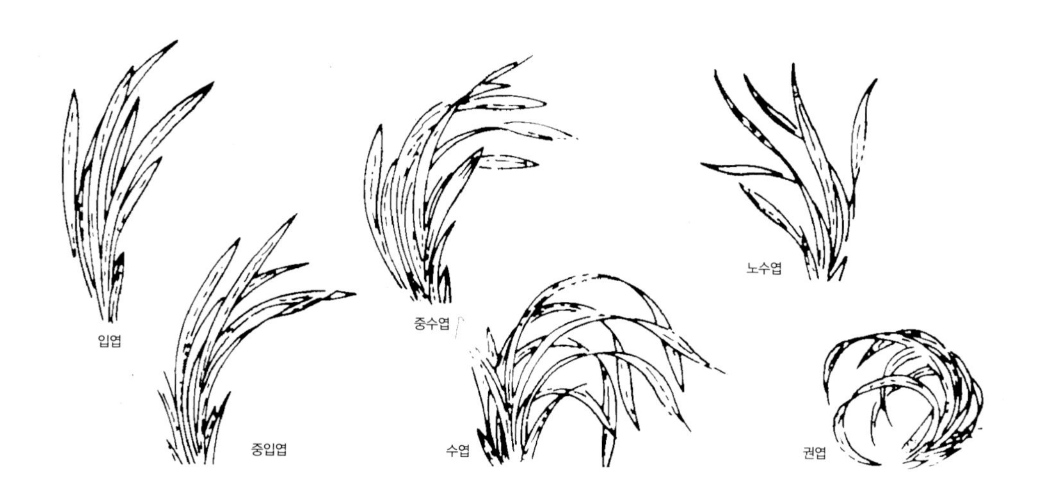

노수엽(露受葉) 잎의 끝부분이 아래로 늘어지지 않고 위를 향해 살짝 올라가 있는 형태로 이슬을 받을 수 있을 정도라 하여 붙여진 이름.

권엽(卷葉) 잎이 뻗기 시작하면서 둥그렇게 자라 말리는 형태.

잎에 원예적 가치가 있는 변이종의 분류(엽예품)

복륜반(覆輪斑) 잎 끝에서 잎 밑을 향하여 가장자리에 무늬색이 들어 있는 형태이다. 밑부분까지 깊게 들어가 있는 것을 복륜(覆輪)이라 하고, 짧게 혹은 중간까지 가다가 끊어진 것을 조(爪)라 한다. 무늬가 어느 정도 넓

복륜반

1 호반
2 중투호
3 중압호

으냐에 따라 사복륜(絲覆輪)과 대복륜(大覆輪)으로 나누어진다. 색깔에 의해 구별하기도 하는데, 백색이면 백복륜(白覆輪), 황색이면 황복륜(黃覆輪), 잎의 안쪽이 연한 황록색이고 가장자리로 진한 녹색의 테두리가 둘러지면 감복륜(紺覆輪), 녹복륜(綠覆輪) 등으로 부른다.

호반(縞斑) 복륜반과는 반대로 잎 밑에서 잎 끝을 향하여 무늬색이 올라가는 형태이다. 잎맥과 나란히 직선으로 올라가는 무늬를 호(縞)라고 한다. 호는 대단히 많은 형태로 나타나며 이런 여러 형태를 총칭하여 호반이라 한다.

- 호 – 잎 밑에서 잎 끝을 향하여 잎맥과 나란히 선이 들어간 형태. 이러한 호가 잎 끝을 뚫고 나가면 발호(拔縞)라 부른다. 이 종류는 쉽게 변하는 성질이 있어서 무늬가 소멸되거나 중투호로 발전되기도 한다.
- 중투호(中透縞) – 잎 가운데를 엽심(葉芯)이라 하는데 무늬색이 이 엽

4 사피반
5 호피반
6 산반

심에 들어 있는 것을 말한다. 원래의 잎색인 녹색이 복륜상(覆輪狀)으로 나타나고 그 안은 백색 또는 백황색이나 황색의 무늬가 들어 있다.

• 중압호(中押縞) – 잎 가운데 무늬색이 들어 있는 중투호의 형태에서 잎 가장자리를 두꺼운 녹색이 감싸며 잎 끝부분은 녹색의 모자(帽子)가 중앙을 누르듯 깊게 씌워진 상태를 말한다. 무늬색의 안에는 다시 녹색의 호가 들어 있어야 한다. 감상 가치와 원예성이 뛰어나므로 무늬 가운데 최상으로 꼽는다.

산반(散斑) 잎 위에 짧은 선들이 섬세하게 연결되어 거칠게 긁힌 듯한 무늬들이 나타난다.

선반(先斑) 산반이 잎 끝에만 집중적으로 나타나는 현상을 가리킨다.

축입(蹴込) 잎 끝에 무늬색이 조의 형태로 들어 있고, 짧게 혹은 길게 중앙을 향해 호의 반대 형식으로 줄무늬가 내려진 상태를 말한다.

편호(片縞) 잎 가운데를 중심으로 한쪽은 평범한 잎이고 한쪽은 호가 나타나는 현상을 말한다.

사피반(蛇皮斑) 녹색의 잎에 황색이나 황백색의 무늬색이 들고 이 무늬색 안에 녹색의 점들이 무질서하게 찍혀진 형태를 말한다. 우리나라와 일본의 춘란에서만 발견된다. 사피반은 선천적으로 나타나는 것과 후천적으로 나타나는 것이 있는데, 대개는 자라면서 없어지는 후암성(後暗性)이다. 되도록 그 무늬를 오랫동안 감상할 수 있는 것이 좋은 품종이다.

사피반은 나타나는 형태에 따라 세 가지로 분류한다. 잎의 전면에 넓게 나타나는 경우 전면사피(全面蛇皮), 일정 부분에 무늬가 나타나는 경우 단절사피(段切蛇皮), 규칙 없이 나타나면 산반사피(散斑蛇皮)라고 부른다.

호피반(虎皮斑) 녹색의 잎에 무늬색이 마디마디로 나타나 마치 호랑이

단엽종

의 가죽무늬를 연상케 하는 형태를 말한다. 다른 무늬와 달리 호반의 경우는 선천성보다 후천성으로 나오는 것이 무늬도 선명하고 좋은 품종이 많다. 선천성 호피반은 무늬가 흐려지거나 없어지기 십상이다.

단엽종(短葉種) 정상의 난잎보다 짧은 품종을 말하는데, 잎에 우둘투둘한 나사(羅紗)가 있어야 한다.

새 촉과 꽃색과의 관계

일반적으로 새 촉이 올라올 때 맑으면서 하얀 것은 꽃색이 선명하다고 알려져 있다. 이것은 그 식물체에 엽록소가 적기 때문으로, 홍화계(紅花系)의 품종에서는 복숭아색 꽃이 피고, 황화계(黃花系)의 품종은 황색 꽃이 피게 되므로 최초로 새 촉이 나올 즈음에 관심을 갖고 비교하는 것도 난 기르기의 큰 즐거움이다.

한란이나 춘란 등의 동양란에서는 새 촉의 색과 꽃색이 밀접한 관계가 있다. 즉, 새 촉이 선홍색인 경우 꽃은 복숭아색 또는 황색이 예측되고, 맑은 차색(茶色)에서는 백색도 기대할 수 있다.

난을 재배하면서 꽃색을 인위적으로 맑게 하려면 엽록소가 적은 품종을 골라 꽃눈이 신장할 무렵부터 검은 종이로 꽃통을 만들어 빛을 차단해 주는 것도 한 방법이다.

다양한 복륜의 세계, 그 이해와 감상

만약 우리 산야에 난이 없었다면 우리나라에 난 붐이 일었을까? 난 붐이 일었다고 하더라도 이렇게 지속적으로 개발되고 끊임없이 애란인들의 호기심을 끌 수 있었을까? 왜냐하면 주인인 한국란 없이 손님인 외국란만 유행하면 그렇게 버틸 힘이 있었을까 하는 것이다.

1970년대 말부터 우리의 산야에 자생하는 난을 찾아 나서면서 처음에는 품종을 찾는 것은 고사하고 자연상태에서 난이 서식하는 것만 있어도 그렇게 반갑고 고마웠다. 중국이나 일본에만 있다고 생각한 난이 우리나라의 산야에도 의젓하게, 그것도 대량 번식하고 있었기 때문이다. 민춘란 중 새로운 품종들을 찾아 나선 것 또한 이때부터였다.

채란(採蘭), 탐란(探蘭), 산채(山採) 같은 난 채집 용어가 만들어졌으며, 꽃은 소심이고 잎에는 무늬가 든 난을 찾아 나섰다. 무늬는 처음에 구별하기 쉬운 복륜(覆輪)을 찾아 나섰다. 복륜은 잎에 무늬가 뚜렷한 테두리를 둘러 구별하기가 쉬웠으므로 제일 먼저 개발되었다. 산채를 처음 시작할 즈음에는 꽃봉오리가 있어도 따지 않고 꽃이 핀 다음에 설판을 보아서 소심을 구별했으므로, 복륜의 개발이 가장 빠른 편이었고 집에서 키우기도 용이했다. 왜냐하면 중투호나 호피반에 비해 엽록소가 많고 무늬가 뚜렷하여 키우는 데도 별 지장이 없었던 것이다.

이렇게 해서 우리나라 한국 춘란에서 산채하고 재배하여 최초로 발전된 것이 엽예품인 복륜이고, 그 다음이 화예품인 소심이다. 이러한 예는 일본도 마찬가지다. 일본에서도 일본 춘란 가운데 가장 먼저 개발된 것이 복륜이다.

다양한 복륜계의 무늬와 용어

난의 잎에 나타나는 무늬를 반(斑)이라 한다. 무늬 가운데 관상할 수 있는 것을 반예(斑藝)라 하고, 이 반예가 훌륭하고 또 고정되어 있어서 관상 가치가 충분한 것을 엽예품이라고 한다. 엽예품 무늬는 선상(線狀) 무늬와 반상(斑狀) 무늬로 나누는데, 선상 무늬는 호반계 · 복륜계로 나누며, 반상 무늬는 호피반계 · 사피반계로 나눈다. 이 가운데 복륜계는 단순한 것 같지만 여러 가지 무늬 형태가 있다. 이 무늬의 형태를 이해한다면 엽예품을 이해하는 데 큰 도움이 될 것이다.

복륜은 보통 조(爪)와 복륜(覆輪)으로 나누어진다. 조의 무늬 형태는 잎 끝이 선단부(先端部)에서 잎의 겉쪽을 향해 양쪽으로 짧게 나타나는 것을 말하며, 복륜은 잎의 밑부분인 기부(基部) 가까이, 혹은 기부까지 길게 내려간 무늬이다. 보통 '복륜'은 복륜계에 나타나는 무늬 상태를 이야기하는 용어로, 아래와 같은 용어를 다 흡수하여 대표적으로 쓰일 수 있는 것이다. 그러나 이렇게 간단하게 나누는 것은 심미안을 갖는 사람에게는 모자람이 있다. 복륜에 나타나는 무늬를 더 세분하여 살펴보자.

조 잎 끝인 선단부에서 잎의 바깥쪽을 향해 양쪽으로 짧게 나타난 것.

심조(深爪) 조가 잎 끝에 넓게 나타나는 예(藝), 깊게 나타나는 예.

조복륜(爪覆輪) 선단부에 작은 조의 무늬가 있으며, 잎의 가장자리로 기부를 향해 무늬가 내려온 것.

사복륜(絲覆輪) 잎의 가장자리에 백색, 황색 등의 테두리가 나타나는 복륜의 일종으로, 좁고 가늘게 나타나는 것.

대복륜(大覆輪) 잎의 가장자리에 무늬가 넓게 나타나는 것. 이와 대비되는 것이 사복륜으로 가늘다.

심복륜(深覆輪) 잎 끝에서 아래쪽을 향해서 가장자리에 선의 형태로 나타난 복륜 가운데 잎의 기부까지 나타난 것.

심조복륜(深爪覆輪) 잎 끝에 무늬가 심조로 넓게 나타나면서 가장자리의 무늬가 잎의 기부 가까이까지 내려오는 것.

심대복륜(深大覆輪) 잎 끝부터 잎 밑까지 무늬가 내려온 것 중에 무늬의 넓이가 넓고 잎의 기부까지 내려온 것. 좋은 품종이다.

운정(雲井) 잎 끝에서부터 아래쪽을 향해 녹색 계통의 푸른 줄이 호(縞) 모양으로 드리워진 형태. 즉 잎 끝의 조부터 몇 줄의 호가 기부 쪽으로 내려온 것을 말한다.

모자(帽子) 잎 끝의 상당 부분을 크게 덮는 무늬. 모자를 잘 썼다는 것은 그만큼 무늬의 면적이 넓게 잎 선단부를 감싼 것을 말한다. 조, 심조와 달리 넓은 면적을 이야기한다. 그러나 이 용어는 무늬를 설명하는 용어이지, 무늬명은 아니다.

축입(蹴込) 잎 끝에서 아래쪽을 향해 백색 또는 황색의 호 모양 줄이 드리워진 형태. 즉 잎 끝의 조부터 몇 줄의 호가 잎 밑 기부 쪽으로 내려온 것을 말한다.

축입호(蹴込縞) 잎 끝의 조 무늬에서부터 몇 줄의 호가 잎의 기부 아래쪽으로 흐르다 중간에서 잘려 있는 것처럼 보이는 형태.

학예복륜(鶴藝覆輪) 혜란 학지화의 복륜은 잎 선단부의 무늬가 넓으면서도 뚜렷하게 감싸고 있다. 이러한 것을 모자예(帽子藝)를 잘 썼다고 하며 학예라고 부른다. 잎의 복륜이 축입되면서 모자 잘 쓴 난에서 복륜무늬가 모자예의 아름다움이 있고 잎의 기부까지 깊은 복륜을 걸치고 있다.

쇄모입(刷毛込) 축입이 깊게 들어간 것으로 복륜에서도 우수한 엽예품이다.

호복륜(縞覆輪) 복륜이 있고 그 중에 호가 들어 있는 것. 대개 복륜종은 한 잎에 호가 들어간 것이 있을 수 있지만, 모든 잎에 조금씩은 호가 들어 있어야 정확한 호복륜의 품종이 된다.

축입복륜(蹴込覆輪) 복륜이 깊게 든 심복륜에서 나타날 가능성이 많으며, 잎 선단부의 복륜에서 호 상태로 잎의 밑쪽인 기부로 흘러들어오는 무늬처럼 보인다.

축입복륜호(蹴込覆輪縞) 복륜축입의 상태에서 무늬가 잎의 기부까지 깊숙하게 도달한 형태로서 호가 잘려 보인다. 축입복륜보다도 더 좋은 상태.

이중복륜(二重覆輪) 백복륜의 잎 끝에 감조(紺爪)를 걸치고 있는 것. 일본 한란 국보에서 볼 수 있다.

송엽복륜(松葉覆輪) 복륜이지만 무늬 부분에 세밀한 녹색 선이 들어 있는 것. 송예(松藝)가 복륜에 들었다고 하며, 이 무늬가 들면 매끄럽지 못한 분위기를 보이며 격이 떨어진다.

산반복륜(散斑覆輪) 잎 전체에 산반이 들어 있다가 점점 녹이 차면서 복륜 상태를 뚜렷이 하는 품종. 복륜과 산반이 섞여 있다.

호반복륜(虎斑覆輪) 아직까지 한란에는 나타나지 않지만 춘란에 보이는 품종으로 복륜무늬가 뚜렷이 들고 그 안에 호피반이 나타나는 것. 무늬가 녹색인 감복륜도 있고 백색이나 황색 같은 복륜을 두를 수도 있다.

사피복륜(蛇皮覆輪) 복륜이 들고 사피(蛇皮)가 들어 있는 것을 말한다.

사자복륜(砂子覆輪) 흰색 또는 황색의 유령잎으로 나온 잎에 뿌려 놓은 듯 녹색의 무점(霧点)이 들고 뒤쪽은 후암성(後暗性)으로 변하는 과정으로 엽록의 무점무늬가 남는 것을 말하며, 희미한 복륜상을 남긴다. 꽃에는 나타나지 않는다.

감복륜(紺覆輪) 잎의 가장자리에 진한 녹색의 테두리가 있는 것을 감복륜이라 한다. 청복륜(青覆輪)이라 하기도 한다.

복륜 우수 품종의 기준

복륜의 무늬는 잎에 얼마만큼 깊이 들어 있는가를 구별해서 보는 안목을 길러야 한다. 잎의 기부까지 내려가는 복륜 무늬는 사실 많지 않다는 점을 유념해야 한다. 보통 잎 끝의 무늬만 보고 복륜으로 여기는 것은 심미안을 기르는 데 방해가 된다. 복륜 무늬의 폭이 넓고 잎의 기부까지 일정하게 들어 있을수록 명품에 속한다. 우수 품종의 복륜을 찾아내는 방법을 간추리면 다음과 같다.

- 선천성(先天性)이어야 한다. 선천성이어야 꽃에 무늬가 나타난다.
- 광엽(廣葉)이어야 한다. 광엽일수록 난의 기가 충일하고 꽃도 크고 좋다.

• 잎은 두꺼운 후육(厚肉)이어야 한다. 그래야 중후한 미를 더하며 기가 출중하다.

• 무늬가 넓으면 넓을수록 뚜렷한 개성을 보이며, 색의 대비가 좋다.

• 꽃이 피면 무늬가 뚜렷하게 들어야 하며, 무늬 색이 선명하고 자태가 좋아야 한다.

• 제일 먼저 나오는 잎인 떡잎의 무늬 상태가 정확히 들어 있어야 한다.

• 어미 촉의 상태가 좋아야 한다. 벌브는 크고 둥글고 딱딱해야 한다. 그래야 새 촉을 잘 내고 튼튼하게 자랄 수 있기 때문이다. 또한 이 난의 자질을 읽을 수 있는 것이다.

• 제일 마지막 안쪽의 잎 무늬 상태와 제1, 2엽의 상태를 비교해서 고정성이 어느 정도인가를 알아내야 한다. 복륜호인 경우도 잎마다 복륜에 호가 다 들어 있는가를 확인할 수 있어야 복륜호이지, 다 들어 있지 않으면 그냥 복륜으로 친다.

• 희소성이 있으면 더욱 좋다.

• 뭐니 뭐니 해도 잎의 조화성이다. 각각의 잎의 무늬가 뚜렷하고 고정되어 있어야 하며 잎이 고르게 자라고 벌브가 충실한 것이 난의 건강미를 더해서 좋다. 이렇게 어우러져야 좋은 복륜이 되는 것이다.

• 복륜에 호를 더한 호복륜은 모든 잎에 호가 있어야 하는데, 호의 성질은 변화가 있고 복륜은 거의가 고정성이 있기에 복륜의 범주에 넣는 것이 좋다. 이 복륜호도 호가 나타나는 잎의 고정성이 있어야 품종으로 더욱 좋다. 즉 깊숙이 복륜이 걸리고 호도 희고 선명한 것이 좋다.

• 복륜산반도 새촉 때 하얗게 나와서 녹이 들어가는 형태로서 특징을 잘 나타내며, 특히 복륜 무늬가 나타나는 잎 가장자리는 잎에 무늬가 중복되어서 시원하게 보이는 것이 좋다.

• 잎 끝이 둥근 것은 그만큼 모나지 않고, 보면 볼수록 편한 마음을 갖게 하며, 꽃의 화판을 둥글게 하기에 더욱 좋다.

이 외에 여러 가지가 있지만 이러한 무늬에 대해 정확히 이해하려면 혜란에 나타난 무늬들을 알아야 한다. 혜란 무늬의 변화와 정확한 용어 설명으로 그 난의 특성을 이해하고 춘란의 무늬를 다시 보아 추란의 특성을 찾아내는 것 또한 중요하다.

복륜과 복륜화

그런가 하면 잎이 나올 때 나오는 무늬인가, 잎이 나온 후에 드는 무늬인가에 따라서도 가치를 다르게 둔다.

선천성 복륜 새 촉에 무늬가 들어 나오는 것이다. 보통 복륜은 하얗게 올라온다.

후천성 복륜 잎이 자라면서 나중에 무늬가 나타나는 복륜이다. 후천성 복륜은 잎이

할 것도 있고 있으면 편리한 것도 있다. 배양하는 데 필요한 용구를 살펴보자.

일반 관리에 필요한 용구

물동이 소장하는 분의 수에 맞추어 한 번의 물주기를 할 만한 물을 담을 수 있는 물동이를 준비한다. 물의 온도와 기온의 차이에서 오는 장애뿐만 아니라 물속에 있는 성분 등이 난에 맞지 않을 수 있기 때문이다. 특히 수돗물은 받아서 바로 주는 것보다 미리 받아 놓은 물을 사용해야 수온 조절이 가능하다. 어항에서 물고기를 기를 때 쓰는 공기발생기를 틀어 주면 물속의 용존산소량이 풍부해지는데 이 물이 난의 생장에 훨씬 좋으며, 난실에 물이 담긴 물동이가 있으면 습도 조절도 어느 정도 가능해진다.

물뿌리개 가장 많이 사용하는 용구라 할 수 있다. 배양자가 사용하기 편한 것으로 선택하되, 구멍이 작아 물줄기가 너무 세지 않고 부드럽게 뿌려지는 것이 좋다.

분무기 공기가 건조할 때에는 물뿌리개보다 분무기를 사용하는 것이 편

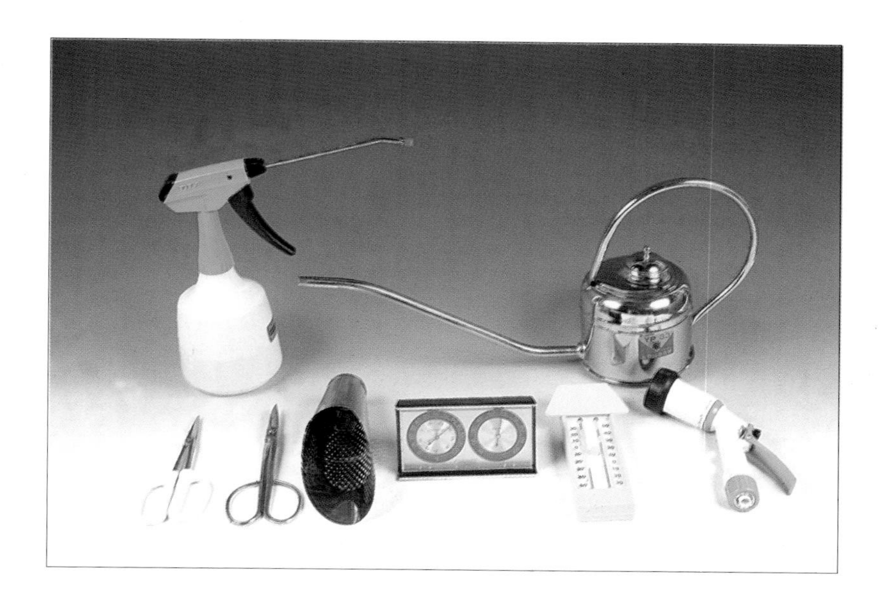

난 배양에 필요한 용구

리하다. 분무기는 약제 살포시에도 이용되는데, 잎의 요소요소에 물을 골고루 주기 위해서는 분무기의 꼭지가 자유로이 움직이는 것을 준비한다.

온도계 난을 관리하는 데 있어 가장 기본적인 용구라 할 수 있다. 단순히 실온을 알려 주는 것에서 일교차를 확인하여 온도를 조절할 것을 알려 주는 최저 · 최고 온도계, 온실의 안과 밖을 동시에 나타내는 온도계까지 여러 종류가 있다.

습도계 통풍과 온도 못지않게 중요한 것이 습도를 맞추는 일이다. 특히 난실이나 실내에서 기를 때는 꼭 필요한 용구이다.

환풍기 난을 기르는 데 가장 우선되는 조건은 역시 통풍이다. 통풍이 제대로 되지 않은 상태에서 난이 건실하기를 바라는 것은 곤란하다. 통풍은 사계절을 신경써서 관리해야 하며, 특히 여름 장마철같이 습기가 많을 때나 겨울철에 온도를 높이게 될 때는 더욱 관심을 기울여야 한다. 환풍기를 설치할 때는 바람이 굴절하여 은은하게 퍼지게끔 설치한다.

붓 잎에 먼지나 지저분한 것이 묻었을 때, 해충을 제거할 때, 화장토(化粧土, 화분 맨 위에 넣는 작은 돌)를 정돈할 때, 새 촉이 얼마나 자랐나를 파악할 때, 물을 준 후 새 촉 등에 고인 물을 빨아들일 때 등 여러 가지 용도로 쓰이는 것이 붓이다. 붓은 어느 것을 사용해도 무방하지만 너무 딱딱하지 않고 부드러운 것을 사용하는 것이 좋다.

옮겨심기 · 포기나누기 할 때 쓰이는 용구

핀셋 분 위에 붙어 있는 불순물을 제거하거나, 배양토를 넣을 때 뿌리와 뿌리 사이나 벌브 주위의 흙을 집어내는 용도로 사용한다. 또 분갈이 할 때 뿌리 끝을 분 속에 안정시키는 데 사용한다. 길이는 용도에 따라 선택한다.

분걸이 분이 넘어지는 것을 막고, 옮기는 데 편리하다. 춘란용, 한란용 등 용도에 따라 선택할 수 있다.

체 배양토에 미세한 분말이 혼합된 것을 그대로 사용하면 물빠짐이 나빠지고 결국 뿌리가 썩게 된다. 따라서 배양토를 크기별로 선별하는데 이때

꼭 필요한 것이 체이다. 일반적으로 난을 심는 배양토의 크기는 대립(大粒)이 엄지손가락만 한 크기(10～14밀리미터)이고 중립(中粒)은 새끼손가락만 한 크기(6～7밀리미터), 소립(小粒)은 팥알만 한 크기(3～5밀리미터)이므로 이 세 가지 크기를 분류할 수 있는 체를 선택하여 사용한다.

분갈이용 삽 분 속에 배양토를 넣는 데 사용한다. 삽 안에는 미립자(微粒子)를 걸러내기 위한 망(網)이 있다.

가위 포기나누기, 병든 뿌리나 잎을 다듬을 때 사용한다. 몸체가 길고 날이 짧으며 끝이 뾰족하고 녹슬지 않는 것이 좋다. 길이 20센티미터 정도 되는 것이 사용하기 좋다. 가위를 사용하기 전에는 반드시 소독을 해야 한다.

라벨(Label) 난 이름, 구입 시기, 분갈이 시기 등을 기록해 두면 보다 관리하기 쉽다.

분망(盆網) 분의 밑구멍 위에 얹어서 통풍과 산소의 유입을 알맞게 하는 역할을 한다. 배양토가 새어 나가지 않도록 하는 역할도 하는데, 구멍이 큰 분망이 통풍이나 배수를 위해 좋다.

난실

난실(蘭室)이란 난을 재배하기 쉽게 온도와 통풍, 습도 등을 조절하여 난이 요구하는 환경을 조성한 특별한 공간을 의미한다. 겨울철에는 얼지 않게, 여름철에는 뜨거운 햇볕으로부터 보호하여 주고 특히 공기를 좋아하는 난이 잘 자랄 수 있도록 통풍을 원활하게 해 주는 것이 난실의 목적이다.

난실이 위치하는 가장 이상적인 장소는 햇빛이 하루 종일 비치고 통풍이 좋은 곳으로, 차광(遮光)과 바람을 적절하게 조절해 주면 최상의 난실이 된다. 도시에 거주하는 사람일수록 이상적인 조건을 갖춘 난실을 만들기란 쉬운 일이 아니지만 베란다를 이용하면 난실로써 무난하다.

바닥은 흙으로 되어 있는 경우가 습도와 온도 유지 등 여러 면에서 최상이

정갈하게 꾸며진 난실 난실은 난을 재배하기 쉽게 온도와 통풍, 습도 등의 조건을 조성할 수 있도록 꾸며진 공간을 말한다. 가장 이상적인 장소는 아침 햇빛이 들고 바람이 잘 통하는 곳이다.

지만, 미끄러지기 쉽고 이끼가 생기는 등 불편함이 있어 통로에 벽돌을 깔아 주는 것이 바람직하다. 그러나 대부분은 바닥이 흙으로 되어 있지 않은 경우가 많다. 이 경우 자칫 습도 부족을 일으킬 수 있으므로 수조나 물동이 등을 항상 준비하고, 작은 돌멩이나 벽돌, 모래, 배양토 따위를 깔아 놓는 것이 좋다. 일반 단독 주택에서는 전용 난실을 만들거나, 간이 온실을 마련하는 것이 좋다.

오전 빛만 들어오는 동향(東向)의 베란다 난실은 한낮이 되기 전부터 계속적으로 차광이 되어 동양란 기르기에는 가장 이상적이다. 동향이 아니라면 블라인드나 차광망, 갈대발 등을 쳐서 직사광선을 막아 주어야 한다. 여름철 오전 9시 이후의 직사광선은 반드시 차광을 필요로 한다. 비가 오는 날은 발을 걷어 주고 밝은 날은 차광을 하여 빛을 어느 정도 가려 준다.

아파트에서 난을 기를 때는 자칫 너무 건조할 우려가 있다. 이럴 때는 바닥에 물을 뿌려 습도를 높인다. 인조 잔디나 벽돌을 깔아 주고 물을 뿌린 다음 선풍기를 이용하여 바람이 잎에 직접 닿지 않도록 틀어 주면 좋다. 바닥에서 1미터 정도 높이가 되는 분걸이나 난대(蘭臺)를 사용하고 그 밑에 선풍기를 틀어 주면 더욱 효과적이다.

난분

난을 심는 분(蘭盆)은 토분, 낙소분, 청자분, 플라스틱분 등 여러 가지가 있으며 난의 크기, 포기 수, 난의 종류에 따라 적합한 것을 선택한다.

일반적으로 서양란을 제외하고 난의 배양에 많이 사용되는 분은 낙소분이며 분 밑의 구멍이 큰 것이 물빠짐이 좋고 통풍이 잘 되어 이상적이다. 일반 화원에서는 낙소분을 찾아보기 어려우므로 난 전문 자재상이나 전문 유통점에서 구입한다. 낙소분은 태양열을 흡수하는 검은색으로 분 속의 온도 상승에 유리하여 뿌리 발육을 좋게 한다.

최근에는 검정색 플라스틱분도 사용되고 있는데 난 배양에는 좋지만 전시회 출품이나 관상용으로는 적합하지 않다. 플라스틱분은 가벼워서 넘어질 우려가 있으므로 주의가 필요하다.

관상분으로는 낙소분 겉에 용 그림이나 민속화, 추상화 등을 그린 분이 시판되고 있다. 청자분이나 백자분도 잘 사용되는데, 이들은 공기가 통하지 않아 분 속이 잘 마르지 않는 단점이 있지만, 최근에는 분 몸체에 약간의 구멍을 뚫고 바닥의 구멍도 큰 분이 나왔는데 통풍이 원활하고 선물용으로 좋다.

1 춘란의 배양에 많이 사용되는 낙소분
낙소분은 태양열을 흡수하는 검은색으로 분 속의 온도 상승에 유리하여 뿌리의 발육을 좋게 한다.
2 현재 판매되고 있는 여러 가지 난분

서양란은 난이 크기 때문에 자기분을 많이 사용하며 재배할 때는 플라스틱 분을 사용한다.

난분의 각 부분을 살펴보자.

분 구멍 앞서 설명한 것처럼 분 구멍은 클수록 좋다. 분 구멍은 물빠짐과 공기 소통에 영향을 주므로 난을 처음 시작하는 사람일수록 이 점을 잘 살펴보아야 한다.

다리 난분을 보면 대개 분 밑에 다리가 달려 있다. 다리의 일차적인 역할은 분을 안전하게 지탱하는 데 있다. 그러나 보다 더 중요한 것은 분 속의 공기 소통을 원활하게 한다는 점이다. 분 구멍이 커다란 분도 다리가 없다면 지면과 맞닿아 공기가 들고나는 데 수월하지 않다. 주위의 바람을 분 속으로 모으는 것이 다리의 중요한 역할이다. 혹시 다리가 낮거나 없는 경우에는 분 밑에 괼 만한 것을 깔아 분 높이를 높여 주거나 틀을 만들어 분을 공중에 뜨게 하는 방법 등을 써서 분 내부의 공기 출입을 좋게 해 준다.

두께 분 속의 배양토가 잘 마르지 않으면 오랫동안 습하게 되어 뿌리가 썩을 수가 있다. 이러한 현상을 막기 위해서는 통기성이 좋아야 하는데, 이를 위해 두께는 어느 정도 얇은 것이 좋다.

형태 난분 가운데 가장 많이 볼 수 있는 형태는 둥근형이며 이것을 기본형으로 본다. 난을 무리없이 건실하게 키우기 위해서는 기본형이 가장 좋으며, 초보자일수록 난분을 고를 때는 둥근형에 가까운 것을 고르는 것이 좋다. 또한 위에서 아래로 향하여 부드러운 곡선을 그리며 좁아지는 형태를 가진 것이 좋다.

배양토

좋은 배양토란

배양토(培養土)는 난을 고정시키고 물과 양분을 흡수하여 제공하는 역할

제주 경석

을 한다. 그러므로 난의 종류와 성질, 재배 환경에 따라 적합한 배양토를 선택해야 한다.

배양토는 종류에 따라 수분을 흡수하는 정도에 차이가 있다. 좋은 배양토는 보수성(保水性)과 배수성(排水性), 통기성을 갖추어야 한다. 보수성이란 수분을 유지하는 성질을 말하는데, 보수성이 좋은 것은 분 안의 수분 함량이 좋다는 것을 의미한다. 배수성은 물빠짐을 뜻하며 배수성이 좋은 것은 물기가 분 안에 오래 남아 있지 않아 과습(過濕)을 방지할 수 있다. 통기성이란 배양토 내의 공기 흐름을 말하는 것으로 통기성이 좋으면 배양토 내부에 형성된 가스와 외부 공기와의 교환이 활발하다.

또한 배양토는 잘 부서지지 않아야 한다. 손으로 비벼서 부서지는 것은 가루를 많이 만들어서 배양토와 배양토 사이를 막아 통풍과 배수에 지장을 준다. 반면 너무 단단하거나 모가 많은 것은 뿌리 뻗음에 방해가 되므로 좋지 않으며 약간의 점착성(粘着性)도 가져야 한다. 산도(酸度)는 식물의 생장에 적합한 약산성(pH 5.5～6.5)이 좋다.

결국 좋은 배양토란 물기가 너무 오랫동안 분 안에 머물러도 안 되고, 너무 쉽게 물기가 말라버려도 좋지 않다. 이렇게 서로 맞지 않는 듯한 요구 조건이 얼마만큼 알맞게 조절되느냐가 좋은 배양토를 결정짓는 요인이 된다.

시중에서 구할 수 있는 난 전용 배양토를 보면 크기에 따라 대 · 중 · 소로 구분되어 있고 표면을 깔끔하게 덮을 수 있는 화장토도 있다. 서양란의 경우 담수에서 자라는 이끼를 가공한 수태를 용토(用土)로 사용하는데, 일본산, 뉴질랜드산, 중국산이 있다. 보수력은 있지만 통기성이 좋지 못하므로 뿌리를 상하게 할 우려가 있으며 물주기에 신경을 써야 한다. 수태에는 방부제가 들어 있으므로 사용하기 전 하루 정도 물에 담가 놓는다. 그리고 나무껍질을 부수어 만든 바크(bark)라는 것도 심는 재료로 쓴다.

배양토의 종류

우리나라에서 생산되는 배양토는 제주도산 경석(송이)과 마사토 그리고 황토를 저온에서 구워 만든 하이드로볼이 있으며, 사스마토 · 휴가토 · 녹소토 등 일본산 화산회토를 수입해서 사용한다.

배양토는 한 가지만 사용하는 것보다 여러 가지를 섞어서 사용하는 것이 좋다. 이를 혼합 배양토라고 하는데 원예 자재상에서는 이미 적당히 섞어 놓은 혼합토를 팔고 있다. 집에서 혼합하려면 여러 가지 배양토를 구입해서 섞어 사용해야 하는 등 번거로우므로 기성 혼합토를 구입하는 것이 편리하다.

녹소토(鹿沼土) 무게가 가볍고 보습력과 보수력이 좋으며 잘 마르지 않는다. 부드러워 잘 부서지는 단점이 있다. 분재에 많이 사용한다.

사스마토(薩摩土) 흡수력과 보수력, 통기성, 보비력(保肥力, 거름기를 오래 지니는 힘)이 뛰어나다. 현재 시판되고 있는 혼합토의 주성분으로 사용된다. 가루가 많이 생기므로 반드시 깨끗이 씻어야 한다.

일향토(日向土) 가볍고 통기성과 물빠짐이 좋다. 흡수와 증발이 늦어 과습과 건조가 동시에 우려되는 결점을 갖는다.

적옥토(赤玉土) 흡수성과 보습성이 뛰어나다. 화산회토 퇴적층에서 나와 유기질이 다량 함유되어 있다. 입자가 부드러우며 과습의 우려가 있다.

마사(磨砂) 화강암의 풍화에 의한 부식토로서 배수성과 통기성이 좋다.

1 사스마토
2 일향토
3 적옥토
4 마사
5 하이드로볼
6 제오라이트
7 동양란 혼합 배양토
8 펄크레이

물빠짐이 너무 좋아서 쉽게 마르는 경향이 있으며 보비력(保肥力)이 좋지 않다.

하이드로볼(HYDRO-BALL)　황토를 원료로 하여 1,000도 이상의 고열로 살균 처리한 인공 배양토이다. 통기성과 흡수성, 보수성이 양호하고 뿌리의 발달에 매우 좋다. 다공질, 약산성으로 햇빛에 쉽게 마르며 물을 자주 주면 과습해질 우려가 있다.

제오라이트(Zeolite)　여러 가지 미량 요소가 함유되어 있으며 이온 조절 작용으로 산성화된 토양을 중화시키며, 산소를 발생시켜 뿌리가 썩는 것을 막는다. 뿌리의 활착(活着)이 양호하다. 보수력이 좋아 물관리가 수월하나 통기성이 좋지 못하다. 오랜 기간을 사용하면 오염 물질이 기공에 끼게 되므로 다른 배양토와 혼합하여 쓰는 것이 좋다.

동양란 혼합 배양토　사스마토, 일향토, 하이드로볼, 제오라이트를 혼합시킨 배양토(한국산)로 통기성과 보수성, 보비력을 보완한 혼합 배양토이다.

펄크레이(PERL CLAY)　일향토와 하이드로볼을 배합하여 만든 혼합토로 보습력과 배수력이 좋다.

크레이베스트(CLAY BEST)　녹소토, 일향토, 크레이볼을 인공적으로 혼합하고 각종 화산회토와 숯까지 혼합하여 만든 일본산 혼합토이다.

배양토의 사용

난의 배양토 선정은 매우 중요하다. 똑같은 혼합토를 써도 지역의 기상 변화, 난실의 구조를 포함한 배양 환경과 물주기와 비료주기 등의 관리 방법에 따라 다른 결과를 나타낸다. 따라서 각 배양토의 장점과 결점을 파악하여 자신이 사용하는 분이나 환경 그리고 심어질 난에 맞는 배양토를 선택, 혼합하여 사용하고 혼합한 배양토의 성격에 맞는 관리를 해야 한다.

배양토 사용시 유의할 몇 가지 사항을 알아보자.

• 배양토는 반드시 깨끗하게 하여 사용해야 한다. 잔존하는 불순물을 제거하고 부서진 입자를 씻어내는데, 배양토를 깨끗이 씻을수록 다공질화

(多孔質化)되어 배양에 유리한 조건이 된다.

• 일광 소독을 하여 사용한다. 햇빛이 잘 드는 곳에 펴서 2～3일 정도 말려 주는데 물에 씻기지 않은 병원체를 살균하여 병해를 예방하기 위해서이다.

• 사용하기 전 30분 이상 물에 담가서 물이 배양토 전체에 스며들도록 한다. 바로 사용할 경우 관수(灌水)를 해도 속까지 스며들지 않는다.

• 가늘고 긴 난분의 형태를 고려하여 분의 위쪽과 아래쪽 배양토의 크기를 구분한다. 이것은 배수성과 건조 속도를 맞추기 위한 것이다. 보통 대립, 중립, 소립, 화장토로 분리한다. 분의 아래쪽은 건조가 늦으므로 굵은 입자를 사용하여 물빠짐을 좋게 하고, 상대적으로 분의 위쪽은 작은 입자의 배양토를 사용하여 전체적으로 균형을 맞춘다.

배양토를 분에 넣는 법 아래쪽은 굵은 배양토로 물빠짐을 좋게 하고, 상대적으로 건조가 빠른 위쪽은 작은 배양토를 사용한다.

• 난을 기르는 장소에 따라 건조 속도가 달라지며, 사용하는 분에 따라서도 다르다. 난대의 높은 쪽에 놓은 난은 통풍이 잘 되므로 가는 입자의 비율을 높이고 아래쪽은 상대적으로 공기 이동이 원활하지 않으므로 입자가 굵은 배양토를 사용한다.

• 분갈이를 한 경우에는 배양토의 보수 시간이 짧으나 시간이 지날수록 수분 유지 시간이 길어져 과습해지기 쉽다. 또한 비료에 의해 배양토의 상태가 해마다 변하게 되므로 주기적인 분갈이 작업이 필요하다. 분갈이는 일시에 하는 것이 좋으며, 분의 종류와 크기도 가급적 통일하는 것이 배양 관리에 유리하다.

심는 방법

난은 품종에 따라 습한 상태를 좋아하는 것과 건조한 상태를 좋아하는 것 등 약간의 차이가 있다. 이러한 문제는 난분의 성분과 배양토의 성질과 굵기를

춘란과 한란 심기 춘란은 분의 약 1/2 정도를 굵은 배양토로 사용하고 남은 부분의 2/3는 중간 크기, 나머지는 작은 크기로 채운다. 대부분의 동양란이 여기에 준한다. 한란은 굵은 배양토를 많이 사용하는데 굵은 것과 중간 크기의 배양토를 약 7 대 3의 비율로 심는다.

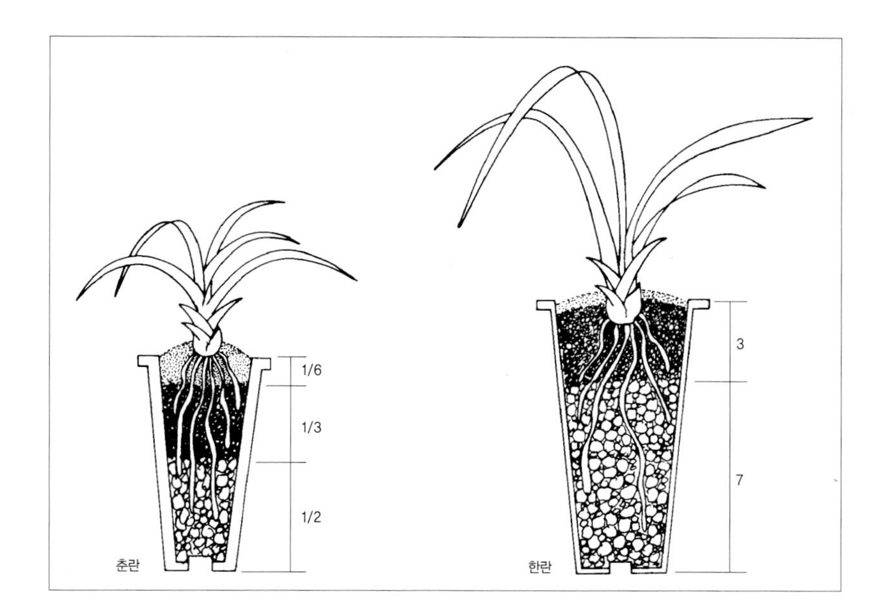

이용하여 조절하면 된다.

배양토에서 굵은 것은 지름이 2센티미터 이상이 되며, 중간은 1.5센티미터 정도, 작은 것이 약 0.8～1센티미터 정도에 이른다. 춘란의 경우 분의 약 1/2 정도를 굵은 배양토로 사용하고 남은 부분의 2/3 정도를 중간 크기로, 나머지는 작은 크기로 조절하면 무난하다. 대부분의 동양란은 이 방법으로 한다.

그러나 한란의 경우 대체로 굵은 배양토를 사용한다. 굵은 것과 중간의 배양토를 약 7 대 3의 비율로 심는다. 한란이 건조에 강하다는 말은 건조할 때에도 다른 동양란에 비해 꽃 피우기가 쉽다는 것을 뜻한다. 그렇지만 한란의 자생지를 보면 대체로 습도가 높게 유지되는 비옥토임을 알 수 있다. 이 때문에 한란은 춘란에 비해 물을 더 주어야 한다.

화장토는 지름이 약 5밀리미터 안팎인 것을 말하며, 맨 위쪽에서 벌브를 덮는 데 쓰인다. 새 촉이 올라오는 것을 돕고, 항상 일정한 습도를 필요로 하는 벌브 주위에 수분을 공급해 준다. 그러나 공기와 직접 접하는 배양토의 맨 윗면은 쉽게 말라버리는 경향이 있으나 건조할 때 가볍게 분무해서 항상 알맞은 습도를 유지할 수 있다.

갈아심기 · 포기나누기

자연 상태에서 자라는 난은 별다른 변화를 일으키지 않고 건강하게 자란다. 그러나 2～3년 이상 분에서 길러지는 난은 물주기와 비료주기, 살균 · 살충제 등 화공 약품의 투여로 산성화(酸性化)되고, 병균 · 해충 · 유해 물질의 증가로 통풍이나 물빠짐이 어려워진다. 비료를 주거나 물주기를 해도 분의 각 부위에 골고루 스며들지 않기 때문에 난의 성장이 잘 이루어지지 않는다.

자연 상태에서는 뿌리가 썩더라도 쉽게 분해되어 별 피해를 주지 않지만 분 속에서는 유독성 물질이 발생하여 새로운 뿌리까지 상하게 한다. 이로 인해 수분과 영양의 흡수 기능이 약해지고 잎이 상하게 되며 생장과 번식이 늦어진다. 난의 뿌리는 생명력이 강하지만, 제한된 배양 환경에 의해서 새로 자라는 뿌리와 늙거나 썩은 뿌리는 반드시 교체되어야 한다. 이와 같은 이유로 동양란은 2～3년마다 한 번씩 분갈이를 해 줄 필요가 있으며, 큰 분에 여러 포기로 자라는 것은 3년에 한 번씩 갈아심기를 해 주는 것도 좋다.

또한 난은 매년 새 촉이 나오므로 여러 해 기르다 보면 촉 수가 많이 늘어나 무성해진다. 분이 포기에 비해 비좁아지면 뿌리의 일부가 흙 위로 노출되며, 충분한 영양을 섭취하기 힘들고 보기에도 좋지 않다. 이럴 때는 큰 분으로 옮겨 심거나 포기나누기를 해 주어야 한다.

언제 갈아심나

분갈이는 절기상으로 춘분(春分, 3월 21일)과 추분(秋分, 9월 23일)을 전후해서 하는 것이 좋다. 난에 병의 징후가 나타날 때는 시기를 가릴 필요가 없지만, 가능하면 관리하기 좋은 시기를 선택해야 한다. 벌브나 뿌리가 썩는 연

갈아심는 방법

1 분을 살살 친다.
2 분에서 빼낸 난의 뿌리를 정리한다.
3 분망을 넣는다.
4 난의 밑부분에 굵은 배양토를 넣어 빈 공간이 없게 한다. 뿌리 밑에 공간이 생기면 새싹이 아래에서 나오는 경우가 생긴다. 이를 방지하기 위하여 굵은 식재를 끼워 받쳐서 새싹이 정상적인 위치에서 나오도록 한다.
5 중간 굵기의 배양토를 넣는다. 이때도 핀셋을 이용하여 공간없이 채워 준다.
6 화장토를 덮어 준다.
7 빈틈이 없도록 화장토를 정리해 준다.

1

2

3

4

5

6

7

부병(軟腐病)이나 근부병(根腐病) 등에 걸렸을 때는 시기를 기다릴 필요 없이 즉시 실시하며, 잎에 검은 반점이나 갈색의 반점이 나타나는 흑반병(黑斑病)이나 갈반병(褐斑病) 등은 심하지 않으면 적기인 봄 · 가을에 갈아심는다.

봄에는 포기가 나빠진 것, 촉 수가 늘어 불안정해 보이는 것과 2～3년이 지난 분을 대상으로 분갈이를 실시한다. 그러나 새 촉이 나오기 시작하는 계절이므로 포기나누기를 해야 할 것은 가을에 실시한다.

봄철 분갈이 시기를 놓친 것이나 여름철 무더위로 인한 해충 피해를 받은 것도 가을에 분갈이를 해 준다. 이때는 춘란의 꽃봉오리가 나와 있으므로 주의한다. 뿌리가 길다고 자르거나 접으면 좋은 꽃을 기대하기 어렵기 때문이다.

포기나누기를 할 때에는

난은 해마다 새 촉이 자라 서로 이어져서 하나의 큰 포기를 이룬다. 새 촉은 일반적으로 같은 방향으로 자라는 습성이 있다. 대개 바깥쪽을 향하는 것이 보통인데, 몇 해 동안 그대로 방치해 두면 한쪽으로만 치우쳐 보기에도 좋지 않

포기나누기 포기를 나눌 때에는 원칙적으로 세 촉 이상을 한 포기로 해서 나눠야 한다.

다. 또한 중심에 있는 오래된 촉은 점차 힘이 약해져 잎이 누렇게 변하면서 마르게 된다. 이때는 난을 알맞은 크기로 나누어 따로 분에 심으면 된다.

포기를 나눌 때에는 원칙적으로 세 촉 이상을 한 포기로 해서 나눠야 한다. 가장 좋은 방법은 할아버지에 해당하는 촉과 아버지에 해당하는 촉, 그리고 아들 촉의 세 개를 서로 이어진 상태로 갈라 주는 것이다. 이러한 방법으로 나누면 새로 자라나는 촉도 어버이에 해당하는 촉과 같이 굵고 건실하고 꽃도 계속 피울 수 있다.

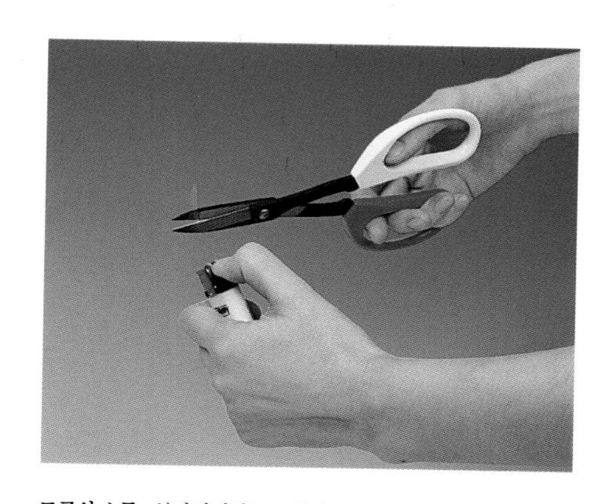

도구의 소독 분갈이에서는 도구를 소독하는 것이 가장 중요하다. 칼이나 가위, 핀셋 등의 도구를 라이터 같은 불에 달구어 소독을 하고 포기나누기 작업을 한다.

분갈이를 하려고 마음을 먹으면 미리 여러 가지 용구를 준비해야 한다. 옮겨 심을 분과 배양토, 배양토를 분류하는 체와 포기나누기에 필요한 절단용 가위나 칼, 핀셋, 붓, 물뿌리개, 라벨, 소독용 알코올 램프 등을 준비한다.

새롭게 사용하는 분은 미리 물속에 담가 충분히 수분을 흡수시켜야 하며, 다시 사용할 경우는 소독을 하거나 햇볕에 충분히 살균을 한 다음 사용한다. 분이 포기 수에 비해 너무 크면 수분이 너무 오래 남게 되어 생장에 지장을 줄 수 있다. 또한 난보다 분이 돋보이는 결과가 되어 난의 감상 가치가 줄어들 수도 있으므로, 조금 작은 듯한 것을 선택한다.

포기나누기를 할 경우는 먼저 뿌리나 잎, 벌브의 상태를 자세히 살펴서 나누어야 할 포기 수를 정한다. 다음에 칼이나 가위, 핀셋 등의 도구를 불에 달구어 소독하고 포기나누기 작업을 시작한다. 분갈이에서는 사용할 도구를 소독하는 것이 가장 중요하다.

포기나누기를 할 때는 실시하기 전 2~3일 동안은 물을 주지 않고 뿌리를 말려야 한다. 뿌리가 마르지 않고 싱싱하면 포기나누기를 하는 도중 뿌리를 다칠 수도 있기 때문이다. 분갈이를 마친 분에는 각각의 라벨을 꽂아 혼동을 피한다. 라벨에는 갈아심은 시기, 품종, 입수 경로 등을 적는다.

이러한 과정이 끝나면 충분히 물을 주어 배양토의 안정을 돕고 불순물을 빠지게 하여 분 속을 깨끗하게 한다. 그리고 직사광선이 들지 않고 강한 바람이 닿지 않는 곳에서 정양(靜養)시킨다. 특히 가을에는 기온의 변화가 심하므로 물을 줄 때는 오전중 따뜻할 때 주고 저녁에는 얼지 않게 주의해야 한다. 이 기간은 약 일주일 정도로, 이 때가 지나면 아침의 약한 햇빛을 쬐게 하면서 평상시의 관리로 되돌아간다.

물주기

'난은 물주기 3년' 이라는 말이 있다. 초보자 가운데는 물을 너무 자주 주어 잎 끝이 타고 뿌리를 상하게 하는가 하면, 물을 너무 아껴서 탈수증을 일으켜 죽게도 한다.

난의 물주기는 화장토가 말랐을 때를 기준 삼아 주면 좋다. 춘란은 화장토가 마른 때부터 이틀 뒤에, 기타 동양란은 하루 뒤에, 서양란은 바로 물을 준다. 다만 난이 자라는 4월부터 8월까지는 하루 정도 앞당겨서 주어도 된다. 풍란과 석곡은 바짝 말랐을 때 주고, 석부작이나 목부작(木附作)은 아침과 저녁 하루 2회 스프레이 해 준다.

물을 주는 시간은 5～10월은 해가 진 후, 11월부터 다음해 4월까지는 오전 10시쯤에 주는 것이 좋다. 특히 기온이 30도에 이르는 여름철에는 밤 8시 이후에 준다.

봄철 물주기

난이 겨울잠에서 깨어나 활동을 시작하는 시기이므로 매우 중요한 계절이다. 보통 맑은 날이 지속되고 낮동안 창문을 열어 둘 경우 분이 빨리 마르므로 보통 3～4일에 한 번은 물을 주어야 한다. 그러나 이른봄의 밤 기온은 차갑기 때문에 물을 줄 때는 맑은 날을 선택해 오전중에 준다. 물을 줄 때는 분 전체에 골고루 스며들도록 충분히 주어야 하나 통풍을 시켜 과습은 피한다. 서양란 가운데 심비디움계는 기타 동양란과 같이 주고, 덴드로비움은 석곡과 같이 주고,

나머지 난은 말랐다고 생각되면 준다.

여름철 물주기

6월에 접어들면 장마가 시작되고 맑은 날은 본격적인 더위를 예고한다. 장마철에는 아무리 기간이 오래 걸려도 분토가 마르지 않는 한 물주기는 삼가야 한다.

여름철 더위가 본격적으로 시작되면 기온이 높아지고 창문도 항상 열어 두기 때문에 건조가 심해진다. 그러므로 하루 걸러 한 번 정도 물을 주는 것이 좋다. 낮에 물을 주면 분 온도가 급격히 낮아지고 온도가 상승하는 변화도 비교적 짧아 뿌리에 나쁜 영향을 끼칠 우려가 있으므로 해질 무렵이 좋다. 고온이 계속될 경우 야간에 잎에 물을 스프레이 해 주면 온도가 낮아져 생장에 도움이 된다. 난실에는 늦은 봄부터 선풍기나 환풍기를 항상 돌려서 통풍을 좋게 한다.

가을철 물주기

여름에 비해 물주기는 약간 줄어들지만 공기의 건조는 여름보다 심해지므로 너무 건조해지지 않도록 한다. 물주기는 이른 아침이나 저녁 때가 좋다.

겨울철 물주기

밖에 두었던 난은 서리가 내리는 초겨울이 되면 실내에 들여놓는다. 겨울이 시작되면 물을 주는 주기는 더욱 길어진다. 배양토의 환경을 고려하여 시기가 결정되는데, 물을 주는 시간은 찬 기운이 덜한 오전 10시경이 좋다. 12월이면 일주일에 한 번 정도 주는 것이 보통이지만 혹한기인 1～2월에는 한 달에 2～3회로도 충분하다. 그러나 아파트 베란다의 경우 온도가 높고 건조하여 빨리 마르기 때문에 화장토가 마르는 것을 기준 삼아 앞에 설명한 것처럼 준다.

물을 줄 때에는 분 속을 씻어낸다는 기분으로 분 밑까지 철철 흐르도록 충분히 준다. 또한 너무 낮거나 혹은 너무 높은 온도의 물은 뿌리의 활동을 둔화시키므로 실온과 비슷하거나 약간 높은 온도의 물을 주도록 한다.

비료주기

아무리 좋은 환경을 조성해 준다고 해도 인공 배양시에는 여러 가지 문제점이 발생한다. 영양분의 공급면에서도 마찬가지로 문제가 생긴다. 자생지에서는 토양 및 빗물 등에서 영양분이 충분히 공급되지만, 달리 양분을 주지 않고 인위적으로 재배하는 경우는 영양 부족을 초래할 수 있다.

비료의 용도

영양분이 부족하면 뿌리가 가늘어지고 새로 자라지 못하는 현상을 보인다. 새 잎의 수가 적어지고 누렇게 변하며, 잎이 잘 자라지 않는다. 또한 꽃눈의 생성이 어렵고 생성되었다 하더라도 개화가 힘들어진다. 이렇게 쇠약해진 난이 여러 촉 재배되면 잎이 짧은 단엽으로 오해를 일으킬 수 있다. 약해진 난이 다시 튼튼해지는 데는 여러 해가 걸리므로 사전에 철저한 관리를 해야 한다.

식물은 특히 질소(N)와 인산(P), 칼륨(K)을 필요로 하며 이 세 가지를 비료

다양한 비료 영양분이 부족하면 뿌리가 가늘어지고 잎도 잘 자라지 않아 난이 쇠약해진다. 그러므로 시기에 맞게 적절한 영양분을 공급해야 한다.

유기질 비료 동 · 식물질의 비료를 말한다. 비료를 준 후 이온화되기까지 많은 시간이 걸리지만 오랜 기간을 두고 효과가 지속된다. 마쓰나가 비료(위)와 유비(아래).

의 3요소라 한다. 질소는 잎에, 인산은 열매에, 칼륨은 뿌리에 영향을 주므로 각기 잎거름, 열매거름, 뿌리거름으로 부른다.

질소 비료는 질소를 포함하는 유기 화합물로 식물체 안에서 단백질 형성을 돕는다. 잎의 빛깔을 진하게 만들고 실하게 성장시키는 역할을 한다. 인산 비료는 인산 화합물, 주로 인광석(燐鑛石)을 주원료로 한 비료이다. 꽃의 생성에 도움을 주며 열매를 살찌게 한다. 칼륨 비료는 식물체 안에서 탄수화물 · 질소 화합물의 합성 동화 작용(合成同化作用)과 개화 · 결실의 촉진, 냉해(冷害) · 병충해에 대한 저항력 증진 작용을 하며, 특히 뿌리의 신장을 도와 튼튼하게 한다. 이 3요소 외에도 탄소(C), 수소(H), 마그네슘(Mg), 철(Fe), 망간(Mn) 등 여러 미량 요소들을 필요로 한다.

비료의 종류

비료는 유기질(有機質)과 무기질(無機質)의 두 가지가 있다. 두 가지 모두 질소, 인산, 칼륨의 3요소로 구성되어 있지만 유기질 비료는 성분이 유기 화합물의 형태로 함유된 동 · 식물질의 비료를 말하는 것으로, 박테리아의 분해에 의해 최후에는 화학 비료와 같이 양이온과 음이온으로 분해되어 식물에 흡수된다. 비료를 준 후 이온화되기까지는 많은 시간이 걸리므로 효과가 늦은 반면, 오랜 기간을 두고 효과가 지속된다.

유기질 비료는 완전히 발효가 된 것을 사용해야 한다. 혹시 발효가 잘못된 것을 사용하면 분 안에 유해 가스가 발생하여 뿌리에 좋지 않은 영향을 미치게 되고, 심하면 말라죽는다. 잘못 발효된 비료는 썩는 냄새 등 악취가 나는 반면, 발효가 잘 된 비료는 냄새가 없거나 악취가 나지 않는다.

무기질 비료는 화학 비료로서 질소, 인산, 칼륨 및 미량 요소의 함유량이 많고 사용이 쉽다. 또한 효과가 빠르다는 이점도 있으나 농도가 진하므로 자칫 양이 잘못 조절되면 심한 비료 장애를 입을 염려가 있으므로 주의해야 한다.

또한 형태에 따라 액체 비료〔液肥〕와 고형 비료로 나누어진다. 액체 비료는 속효성(速效性)을 갖고 희석 배율과 성분이 숫자로 표시되어 있으며, 고형 비료는 지효성(遲效性)을 갖고 그램(g) 단위로 표시되어 있다.

고형 비료에는 유기질인 마쓰나가 비료와 무기질인 홈그린, 마캄프K가 있다. 마쓰나가 비료는 유박(油粕, 깻묵)과 생선 등을 혼합한 유기질 비료로 완전 발효되어 있는 데다 각종 비료 성분이 골고루 함유되어 있고, 물을 줄 때에만 약간씩 녹기 때문에 안전하다. 홈그린은 일반 화초용으로 서양란에 주로 사용한다. 마캄프K는 인산이 주성분으로, 분갈이 할 때 배양토의 맨 위층 바로 밑, 즉 화장토 밑에 5~20알을 넣어 두면 된다. 액체 비료로는 유기질인 유비가 있으며, 무기질로 하이포넥스 등이 있다.

이 밖에 비료는 아니지만 난의 새 촉이 잘 붙게 하고, 뿌리를 튼튼하게 하며 생장을 돕는 하이토닉, 바이오레민, 나이트로자임, 메네델 등 활력제가 있으며, 키토산, 목초액 등은 활력제의 기능과 함께 살균 효과도 갖는다.

각 비료의 성분과 효과를 보다 자세히 알아보자.

유비 난 전용 유기질 비료로 생장에 필요한 영양소를 고루 포함하고 있다. 건실한 새 촉과 벌브를 굵게 하는 데 효과가 있다. 보통 생장기에 주는 질소 성분과 꽃을 피울 때 사용하는 무질소 성분 두 가지가 있다.

마쓰나가 비료 난을 강하게 하고 번식력을 증진시키며 엽예품의 뚜렷한 무늬 대비를 위해 사용하는 유기질 고형 비료이다. 고형으로 분 위에 올려 두면 물을 줄 때마다 미량 요소가 적절히 스며들어 과비(過肥)의 염려가 없는 장점이 있다.

메네델(Menedel) 뿌리가 쇠약해졌을 때나 뿌리의 생장을 촉진시키고자 할 때 사용한다. 난을 심기 전에 2~3시간 정도 2,000배 액에 담갔다가 심으면 상처가 아물고 뿌리의 생장이 순조로워진다. 또한 심은 후에 약 2주간 묽게 희석하여 물 대신 엽면 분무해도 좋은 결과를 볼 수 있다.

하이포넥스(Hyponex) 사용이 간편하고 냄새가 없는 속효성 비료로, 새싹을 키우기 위해 제작되었으나 인산과 칼륨 성분을 더 첨가시켜 난 재배용으로 널리 사용되고 있다.

북살(Wuxal)　많은 미량 요소를 함유한 비료로 냉해의 예방과 미량 요소가 부족할 때 야기되는 저항력 감퇴, 지속적인 성장 등에 효과가 있다. 액체로 되어 있어 사용이 간편하다.

타이포(Typo)　질소, 인산, 칼륨의 3요소를 비롯한 미량 요소를 골고루 내포하고 있는 속효성 비료이다. 분말과 액체 비료가 있으며, 2,000배 액으로 희석하여 잎에 뿌려 준다.

캄프살　비료의 3요소를 비롯한 각종 미량 요소가 고루 함유된 속효성 비료이다. 미량 요소 결핍증의 치료와 예방에 효과가 좋으며, 성장용과 결실용 액체 비료가 있으므로 성장용은 봄 · 가을에, 결실용은 늦가을에 사용한다.

마캄프K　인산(40퍼센트)을 주성분으로 하여 질소 6퍼센트, 칼륨 6퍼센트의 함유량을 가지는 흰색의 고형 비료이다. 분 위에 얹어 놓으면 물을 줄 때마다 서서히 녹아 흡수된다. 잎과 뿌리에 닿아도 위험하지 않다. 분의 크기에 비례하여 양을 조절하면 되는데, 직경 20센티미터의 분이면 10개 정도를 얹는 것이 적당하다. 한 번 사용하면 6~12개월 동안 효과가 있다.

에도볼　노란색의 콩알 모양을 한 지속성의 화학 비료로 분 위에 3~5개 정도를 얹어 놓으면 3~4개월 정도 효과가 지속된다. 2~3개월이 지나면 내부에서 용해되어 비료가 밖으로 서서히 솟아나온다.

하이토닉(Hi-Tonic)　식물 세포의 작용을 활발하게 하고, 뿌리와 새 촉의 생성 및 개화를 돕는 영양 활력제이다. 잎이나 뿌리 모두에 흡수가 잘 되는 속효성이다.

비료 주는 요령

비료를 줄 때는 소량을 묽게 희석하는 것이 기본이다. 물주기, 채광, 통풍을 감안하여 비료를 주는데, 양이 많거나 농도를 진하게 하면 백해무익(百害無益)하다. 너무 진한 비료로 장해를 입은 난은 잎에 윤기가 없으며, 새 촉의 생장이 멈춰 뿌리, 벌브의 순으로 부패되기 시작한다.

봄에 새 촉이 나오기 전에 거름을 주는 것은 잎에 무늬가 나타나는 엽예품을 제외하고 고형 비료나 액체 비료 모두 효과가 있다. 여름에는 활력제를 혼합 규정의 5배 정도 희석하여 준다. 가을에는 봄과 같게 주며, 겨울에는 비료를 하지 않고 휴면(休眠)시킨다. 한 해에 사용하는 비료는 액체 비료로 10회, 고형 비료는 봄과 가을에 2～3개를 분 위에 얹어 주면 충분하다.

병충해 관리

병충해는 바이러스, 세균, 곰팡이, 해충에 의하여 발생한다. 난은 병충해가 비교적 적은 식물로, 특히 동양란은 자연 상태에서 얻은 저항력 덕분에 병충해에 강하다. 그러나 인공 재배 때는 아무리 세심한 주의를 하여도 병이나 해충이 발생하기 쉽다.

곰팡이에 의한 병

곰팡이는 포자(胞子)로 번식한다. 다세포체(多細胞體)이므로 약제의 효

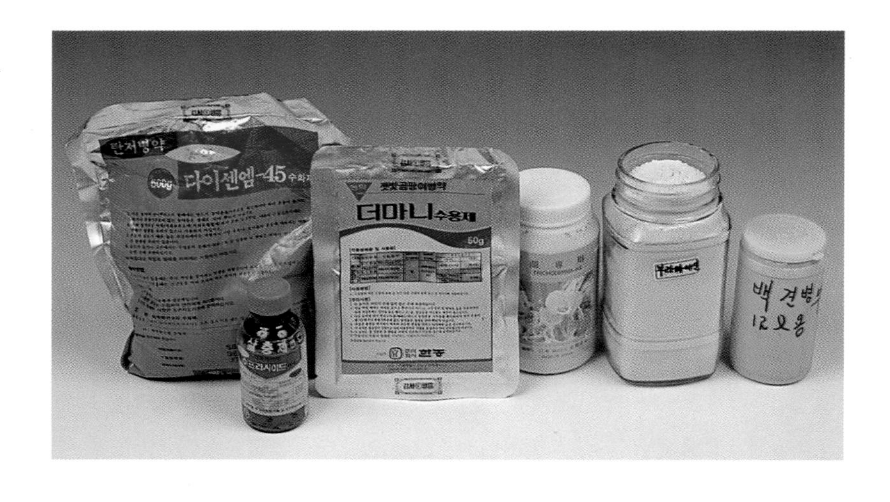

현재 판매되고 있는 여러 약제 병이나 해충이 발생했을 때는 그에 맞는 약제를 선택하여 치료를 한다.

과가 세포를 통해 전달되어 약제에 닿지 않은 세포까지 영향을 준다. 따라서 비교적 방제(防除)가 용이하다.

탄저병

탄저병(炭疽病)

증상－새 촉에는 없고 어미 촉에만 나타나는 증상으로 갈색으로 변해서 갈점병(褐点病)이라고도 한다. 초기에는 잎에 타원형의 흑갈색 반점이 생기기 시작하여 점점 시들다가 말라 죽는다. 또한 벌브의 표면에 반점이 나타나다가 어두운 갈색으로 변하면서 썩게 된다.

서늘하고 습한 기간이 길어지면 병 발생이 쉬워져 꽃이 손상되거나 낙엽이 진다. 실내 온도가 20～25도일 때 잎에서 병원균의 증식이 쉽게 일어나며 28～34도일 때 주로 어린 순의 기부에 작고 제한된 크기의 검고 움푹 패인 반점을 만든다. 줄기에서는 병이 생겨 잎이 몇 개 떨어지기도 하지만 아무런 처리를 하지 않아도 회복이 된다.

반점은 난의 종류와 꽃의 색에 따라 회백색, 분홍색 또는 자주색으로 나타난다. 오래된 반점에서는 흔히 누르스름한 핑크색을 띠는 분생포자 덩어리들이 나이테무늬로 생긴다. 햇빛에 타서 생긴 점무늬와 나이테무늬는 혼돈하기 쉬우므로 병의 증상과 현미경에 의한 포자의 관찰, 병원균의 분리 동정 등을 통한 확인 작업이 필요하다.

예방 및 치료－주변 환경을 청결히 하고 식물체의 병든 부분은 제거한다. 병든 개체는 일단 격리하여 약제에 의해 완전 방제한다. 비바람에 의해 전염되므로 비바람이 직접 식물체에 닿지 않도록 한다. 높은 습도에 의해 발병이 조장되므로 실내 습도를 낮춘다. 발병이 잦은 4・6・8월경에 바이코에이, 인트라콜, 다이센엠－45, 델란, 다코닐 등을 예방적으로 살포한다.

줄기썩음병〔莖腐病〕

증상－석곡이나 양란 같은 난 줄기의 기부에서부터 암갈색에서 검은색의 부정형 반점을 형성한다. 진전되면 반점이 위쪽으로 확산되고 식물 전체가 시들어 죽는다. 병든 부위는 점차 검게 변색된다. 잎에서는 탄저병과 비슷한 검은색, 흑갈색의 원형이나 부정형 점무늬를 형성하지만 탄저병처럼 움푹 패인 반점을 만들지는 않는다.

예방 및 치료 – 아직까지 효과적인 약제는 개발되지 않았으며 '베노밀'이 상대적으로 억제 효과가 높다. 식물체의 병든 부위와 화분토에서 월동하므로 청결하게 관리하고 식물체의 병환부는 제거하고 병든 개체는 격리 재배한다. 주로 물이나 기구를 통하여 전염되므로 비바람이 식물체에 직접 닿지 않도록 관리하고 물을 줄 때는 물방울이 튀지 않도록 한다. 배양토에 수분이 많을 때 병원균의 생장과 활동을 좋게 하므로 건조하다고 생각될 정도로 수분을 조절한다. 오염된 화분토는 살균한 뒤에 다시 사용한다. 이 병은 손으로 만졌을 때 힘없이 쑥 빠진다고 하여 일본에서는 '쑥빠짐병'이라고 한다.

줄기썩음병

흰비단병〔白絹病〕

증상 – 난의 뿌리를 하얀 솜털 같은 균사가 덮으면서 배양토나 뿌리에 퍼진다. 병든 식물체는 조직이 유황색으로 변하면서 생장이 불량해지고 조직은 말라 죽기도 한다. 감염된 조직과 근처의 화분토에 작은 균핵을 수없이 만들어낸다.

병원균은 조직 속에서 오랫동안 휴면을 할 수 있으며 오염된 화분토와 기구를 통하여 전염된다. 특히 고온(30~35도)에서 다습할 때 매우 빠른 속도로 균사와 균핵을 만들며 퍼져 간다.

예방 및 치료 – 비에 맞거나 과습하지 않도록 하고 통풍에 유의한다. 일단 병이 발생하면 방제가 어려우므로 증상이 발견된 식물체는 발견 즉시 제거하고 배양토는 버리거나 살균한 뒤에 다시 사용한다.

흰비단병

화분에 심기 전이나 심은 후에 PCNB를 처리하고 우기(雨期)에는 캡틴이나 비다박스로 처리한다.

잿빛곰팡이병(Gray-mold blight)

증상 – 이름 그대로 곰팡이에 의한 병해이다. 흙 위로 드러난 부분에 발생하고 특히 연약한 잎과 줄기, 꽃봉오리, 꽃눈 등의 조직에 피해가 많다. 병에 걸리면 초기에 잎의 조직이 물크러지고 후에 급속히 확대되어 그 부분이 녹아 썩게 된다. 병이 더 진전되면 회색에서 회갈색의 곰팡이가 가득 생기는데 포자가 바람에 날려 2차 감염을 일으키게 된다.

잿빛곰팡이병은 다른 병보다 기생 범위가 넓다. 병의 발생 조건은 다소 온도가 낮고(15～20도), 습도가 있는 봄부터 장마기 그리고 가을부터 초겨울까지 발생하며 한여름에는 잘 발생하지 않는다. 또한 질소 비료를 과용하면 식물이 연약해져 발병하기 쉽다.

잿빛곰팡이병

1 갈반병
2 수병

예방 및 치료 – 이 병은 약제에 대한 내성이 있어서 한 가지 약제만 계속 사용하면 효과가 떨어지므로 2~3종의 약제를 번갈아 사용해야 한다. 베노밀 수화제, 신바람 수화제, 더마니 수용제 등이 효과적이다.

온실에서는 낮에 창문을 열어 환기를 시키고 물은 적게 주어 관리한다. 병에 걸린 잎, 꽃, 줄기 등은 2차 전염원이 되므로 제거하여 태운다. 약제를 예방적으로 살포하는 것도 한 방법이다.

갈반병(褐斑病)

증상 – 잎에 커다란 갈색 반점이 나타나며 점차 선명한 윤곽을 갖는다. 마치 나무의 나이테를 보듯 선명하게 굳어지며 바싹 마른다.

예방 및 치료 – 다이젠 수화제 1,000배 액을 뿌려 주면 효과적이지만 난이 허약한 상태에서는 잎이 상할 수 있으므로 주의한다.

수병(銹病)

증상 – 잎 전체에 녹슨 것처럼 흑갈색의 반점이 급격하게 나타난다. 생리적인 현상인 경우도 있다. 작은 갈색의 점이 나타나다가 암갈색으로 변하며 굳어지는 현상을 보인다.

예방 및 치료 – 다이젠, 다코닐, 화이공 수화제 1,000배 액을 뿌려 준다.

세균에 의한 병

연부병(軟腐病)

증상 – 연부병은 통기가 불량하고 고온 다습한 조건에서 황록색의 점무늬, 잎마름과 무름 증상이 발생하고 줄기로 진전되면서 뿌리와 분토가 맞닿는 부위가 갈색 또는 흑갈색으로 썩는다. 수일 안에 전체가 검게 변하며 냄새가 나는 것이 특징으로 식물체 전체를 죽이기도 한다. 그러나 뿌리는 보통 손상을 입지 않아 종종 죽은 식물체에 커다란 뿌리 덩어리가 남는다.

어린 조직이 가장 예민하게 반응하는데 식물체가 건강할 때는 잘 나타나지 않다가 연약해지거나 고온 다습하고 통기가 불량해지면 발생한다. 감염된 지 2주 이내에 급속하게 병이 진전되어 어린 순을 죽인다. 일반적으로 6~9월 사이에 많이 발생한다. 감염 초기에 기부가 물크러지면서 곧바로 위쪽으로 번진다. 1차 전염원은 배양토, 화분 등이며 물에 의해 전파된다.

예방 및 치료 – 차광과 통풍을 잘 시키고 기온을 낮게 관리한다. 무더운 여름철에는 한낮에 물을 주지 말고 저녁 무렵 시원할 때 충분히 물을 주되 물방울이 지상에서 튀지 않게 하고 어린 눈이나 잎에 물이 고이지 않도록 한다. 질소 비료의 과용을 삼가고 배양토와 용기는 포름알데히드나 황산구리 용액으로 소독한 후 재사용한다. 일단 발병한 식물체는 치료가 힘들기 때문에 제거하고 발병하지 않은 벌브만을 떼내어 별도로 심는다. 농약을 사용하는 것은 예방 및 치료 효과가 낮기 때문에 일반적으로 권장되지 않지만 농용신, 아그레마이신, 슈도팬, 가스민 등을 고온이 시작되는 6월경부터 예방적으로 살포한다.

연부병

흑반병(黑斑病)

증상 – 잎의 선단부나 중간부에 꺼멓고 작은 반점이 나타나는 병으로, 윤곽이 뚜렷하지 않아 오래된 갈반병과는 윤곽의 선명한 정도로 구별이 된다. 일명 흑점병이라고도 불리며

'Diplodia' 란 세균이 주범이다.

예방 및 치료 – 세균에 감염되었을 경우, 초기에는 톱신 M이나 벤레이트 수화제를 1,000배 액으로 살포하고, 흑점이 강하게 나타날 때는 코만치 6,000배 액에 아그레마이신 1,000배 액을 혼합하여 2～3회 뿌려 준다.

엽고병(葉枯病)

증상 – 잎의 끝이 점점 시들어가는 병이다. 잎 끝에서 중앙에 걸쳐 작고 검은 점이 산발적으로 나타나 엽록소를 파괴하고 누렇게 변한다. 고온다습하고 환기가 잘 안 되면 많이 발생한다.

예방 및 치료 – 병이 든 부분은 잘라버리고 그루 전체에 벤레이트, 톱신M 등을 800배 액으로 뿌려 주거나 스트렙토마이신 1,000배 액을 2～3회 뿌려 준다.

바이러스에 의한 병

바이러스(Virus)는 자체적으로 에너지 생성과 단백질 생 · 합성이 불가능하기 때문에 체내에 침입해 성숙인자를 해체시키고 유전자인 핵산을 생산 ·

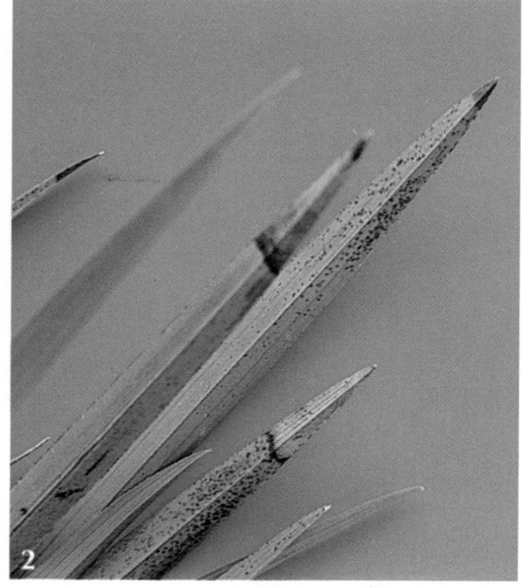

1 흑반병
2 엽고병
3~5 바이러스에 의한 감염

3

4

5

복제해 바이러스 입자를 대량 생산한다. 결국 세포 내 염색축와 결합하여 마치 염색체의 일부처럼 행동한다. 이와 같은 이유로 사람들이 바이러스로 인해 나타나는 증상과 무늬를 혼돈하게 된다.

현재까지 바이러스만을 선택적으로 불활성화시키거나 죽일 수 있는 약제는 세계적으로 전무하다. 난에 주로 나타나는 바이러스는 두 가지로, 증상은 잎에 나타나며 괴사반점, 모자이크, 줄무늬, 잎이 쭈그러드는 위축 현상이 있다. 별다른 증상없이 진전되는 경우가 대부분이어서 초기 발견이 매우 어렵다.

바이러스에 감염되는 요인으로는, 첫째 접촉에 의한 전염이다. 포기나누기, 분갈이 때 감염 개체를 다루던 손과 도구에 의해 뿌리나 잎의 상처 부위를 거쳐 옮겨지거나, 물을 줄 때 분 밑으로 흘러나오는 물이 다른 난에 닿아 전염된다.

둘째, 번식에 의해 다음 세대로 자연스럽게 유전되는 경우이다. 만약 난이 1년초라면 새 촉이 자라 1년을 주기로 생을 마감하므로 바이러스를 퇴치할 수 있겠지만 난은 다년초(多年草) 식물이기 때문에 원래 포기가 병원(病原)을 지닌 채 유전되어 치유가 더욱 어렵다.

셋째, 곤충 및 유사 동물의 매개에 의한 전염 경로이다. 진딧물이나 응애가 바이러스에 걸린 난의 즙액을 흡수하여 옮기는 경우이다. 그렇기 때문에 충해는 직접적인 피해도 심각하지만 다른 병을 매개하므로 보는 즉시 잡거나 약제 처리를 하는 것이 좋다.

다른 병과는 달리 바이러스는 공기 전염을 하지 않는다. 즉 온도, 습도, 빛, 물 등의 물질적 환경은 바이러스 전염에 직접적 영향을 미치지 않는다. 또 바이러스는 빛보다는 호흡과 그 밖에 에너지의 재료가 되는 물질을 필요로 하는데 인산 성분이 많은 비료를 많이 줄 경우에도 증가하는 것으로 알려져 있다. 이것은 인산이 핵산의 주요 구성 성분이 되기 때문이다. 그러므로 바이러스 증상이 발견되면 평소보다 비료를 적게 주는 것이 좋다.

물을 적게 준 분보다 많이 준 분에서 반점의 증가가 빠르다. 따라서 바이러스 증상이 난에 나타나면 물을 주는 횟수를 줄이는 것이 좋다. 하지만 이것은 초기 단계 또는 확실하게 바이러스라고 판정을 내리지 못했을 때의 관리법이다. 명백하게 바이러스로 판정이 되면 소각하거나 폐기 처분하는 것이 바람직하다.

증상 – 주로 잎과 꽃에 발생하며 바이러스에 감염된 후 수개월 내지 1, 2년 뒤에 증상이 나타난다. 괴사반점, 모자이크, 물무늬 등으로 나타나며 간혹 위축 증상을 나타내기도 한다. 복합 감염시에는 다양한 형태로 나타나며 증상이 나타나지 않고 잠복 감염되는 경우 감염 여부를 확인할 수 없어 방제가 어렵다.

예방 및 치료 – 난 바이러스는 주로 식물체끼리의 접촉과 오염된 물, 가위, 칼, 손, 토양, 화분 등에 의한 즙액 전염과 진딧물, 깍지벌레, 응애와 같은 매개충에 의한 전신적인 감염을 일으키며 일단 바이러스에 걸리게 되면 현재로서는 치료가 불가능하다. 바이러스의 방제는 완전한 예방을 하는 것이 최선이다.

포기나누기, 분갈이와 같은 작업 중에 생길 수 있는 인위적인 접촉 전염에 대한 예방 대책으로 손이나 기구를 소독한다. 손을 먼저 비누로 씻고 가위나 칼은 라이터 불로 뜨겁게 소독한 다음 식혀서 쓰거나, 소독액(3～5퍼센트 인산소다액이나 70퍼센트 알코올액)에 2분 이상 침적시키고 나서 다시 물로 씻어 사용한다. 작업대는 한 화분을 작업할 때마다 소독하거나 신문지를 깔고 작업한다. 바이러스 전염을 예방하기 위해서 뿌리는 물통에서 씻지 말고 흐르는 물에서 씻는다. 그 밖에 사용이 끝난 이끼류, 배양토의 재료, 화분, 화분걸이 등은 소독한 뒤 사용한다.

깍지벌레의 피해

충해

깍지벌레(개각충)

20여 종이 있으며 동양에는 5~6종이 있다고 알려져 있다. 길이가 2~5밀리미터 정도로 담황갈색, 백색, 반투명 등 여러 가지 색상을 한 납작한 모양의 장타원형으로 벌브, 잎자루, 잎 뒤에 달라붙어 즙액을 빨아먹는다. 깍지벌레가 빨아먹은 부분은 엽록체가 파괴되어 반점의 흔적이 남게 된다. 심하면 잎에 초록색을 잃은 백색화 현상을 나타낸다. 더욱이 상처는 오염된 흔적을 남기기 때문에 바이러스무늬로 착각할 수도 있으며, 배설물은 그을음병 등을 유발하기도 한다.

방제 – 다습하거나 고온일 때 잘 나타나며 통풍이 좋지 못하면 급격히 늘어난다. 난을 구입하거나 채집한 뒤 깍지벌레가 붙어 있는지를 잘 살피는 것이 좋다.

난의 분 수가 많지 않을 때는 부드럽고 흡수력이 좋은 천을 이용하여 물에 적신 다음 한 마리씩 닦아내면 간단하게 퇴치할 수 있다. 분 수가 많을 때는 스미치온유제, 켈센, 스프라사이드를 1,000배로 희석하여 살포하거나 다이시스트 가루를 분 표면에 뿌려 준다. 껍질이 붙어 있는 성충은 약제에 대한 저항력이 강하므로 부화 직후의 유충일 때 정기적으로 살포하는 것이 좋다.

응애

거미목에 속하는 벌레이지만 거미보다 작아서 눈에 잘 띄지 않는다. 응애는 발생하기 시작하면 급속도로 증식하고 다양한 병해를 유발하는 2차 감염원이 될 수 있으므로 발견 초기에 없애야 한다. 응애는 꽁무니에서 거미줄 같은 것을 내어 잎과 어린 줄기에 치며 잎 뒷면에서 즙액을 빨아먹으므로 피해를 입은 잎은 엽록소가 파괴되어 누렇게 되고 잎 표면에 백색 반점을 형성할 뿐만 아니라 동화작용이 저하된다. 초기에는 생장이 불량해지고 심하면 잎이 갈색으로 변하고 난이 죽을 수도 있다.

방제 – 응애는 고온 건조할 때 많이 발생하므로 적당한 습도를 유지시켜야 한다. 최성기인 7～9월경에 보배단 유제(1,000배)나 실비왕 액상 수화제(2,000배)를 10～15일 간격으로 1～2회 살포한다.

진딧물

모든 식물에 발생하는 진딧물은 연중 발생이 가능한 해충이다. 종류만도 1,000여 종에 이를 만큼 피해 양상도 여러 가지이다. 줄기나 잎에 붙어 영양분을 빨아들여서 식물 자체를 약하게 한다. 그 밖에 잎을 오그라들게 하고 혹 등을 만들어 식물 본래의 형태를 변형시키기도 한다. 간접적으로는 진딧물의 침에 묻어 있는 바이러스 입자를 식물에 감염시켜 식물 바이러스의 매개자 역할을 한다. 진딧물의 배설물은 그을음병을 유발한다.

방제 – 진딧물은 약제에 약하므로 코니도 수화제를 7일 간격으로 2～3회 뿌려 준다. 또 반사광을 싫어하는 성질이 있으므로 반사 필름을 깔아 주거나, 황색을 좋아하므로 온실 등에 황색 수반을 깔아 유인한다.

달팽이의 피해

민달팽이

껍데기가 없는 달팽이로 어둡고 습한 곳에 서식하면서 밤에만 나와 활동하는 습성을 갖고 있다. 새싹이나 어린 뿌리를 갉아먹고 꽃망울까지 먹어버려 피해를 입힌다. 적당한 온기와 습도만 있으면 언제든지 생긴다고 볼 수 있다.

방제 – 분 밑이나 으슥한 곳에 숨어 사는 것으로 위에 이끼를 덮어 놓으면 피해를 입기 쉬운데 핀셋으로 잡아내거나 감자 등에 붕산가루를 묻혀 놓으면 민달팽이가 먹고 죽는다. 민달팽이는 맥주를 좋아한다. 마시다 남은 맥주나 막걸리를 쌀겨에 섞어서 접시에 넣어두면 민달팽이가 모여든다. 여기에 나메킬이나 나메톡스를 놓아 두어도 좋다.

난잎이 떨어지는 이유

난잎이 떨어지는 원인은 크게 두 가지로 나눌 수 있다. 그 중 하나는 노화(老化) 현상이고 또 하나는 병해(病害) 현상이다.

동양란 가운데 심비디움속은 잎의 수명을 3~10년 정도로 볼 수 있다. 노화 현상은 노주(老株)의 맨 첫번째 잎부터 잎 가운데가 담황갈색으로 천천히 변하면서 떨어지는데 보통 봄과 가을에 많이 나타나며, 겨울의 월동 휴면기에도 햇빛이 많거나 온도가 높을 때 나타난다.

병해 현상으로 잎이 떨어지는 것은 엽고병과 근부병의 경우 나타나는데, 엽고병은 담황색이나 황록색으로 변하고 며칠 사이에 급히 나타나며 쉽게 잎이 떨어진다. 엽고병에 걸리면 그해 나온 새 포기만 남으며 오래된 포기나 가운데 포기 등에서 잎이 떨어지고 뿌리는 비교적 건강하지만 벌브는 말라 있는 것처럼 탄력이 없으며 검게 변한다. 근부병은 잎이 검은빛을 띠거나 농록색을 보이며 광택이 없어지면서 떨어진다. 오래된 포기부터 점점 잎이 떨어지다가 마지막에는 새 촉까지 죽는다. 병해가 원인이 되어 잎이 떨어지는 것은 주로 여름, 가을에 나타난다.

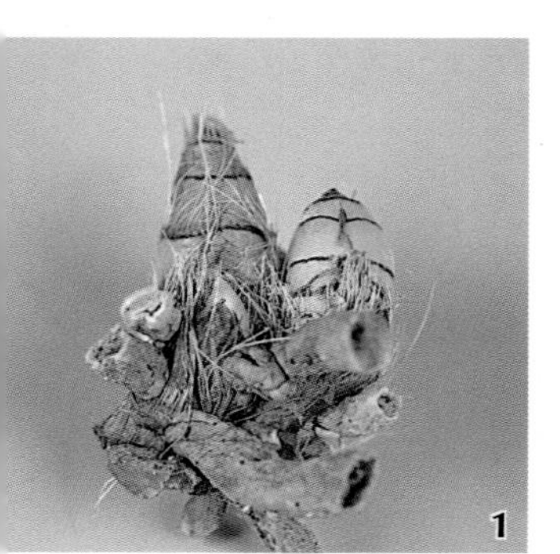

퇴촉 틔우기 순서

1 불필요한 부분을 제거한 퇴촉
2 정리한 퇴촉을 수태로 감싼다.
3 굵은 식재를 사용하여 수태 높이만큼 채운다.
4 수태가 마르지 않도록 하기 위해 화장토로 덮고 플라스틱 병을 이용하여 건조를 예방한다.
5 춘분을 전후한 분갈이 시에 떼어낸 퇴촉에서 4월 말경에 새싹이 붙었다.

퇴촉 틔우기

난을 키우다 보면 4～10년의 수명을 다하여 잎이 떨어진 벌브가 생긴다. 이것을 퇴촉 또는 백벌브(back bulb)라 부른다. 분갈이를 할 때 묵은 퇴촉을 떼내기도 하고 자생지인 산에서 난을 채취했을 때 변이종을 캔 동료로부터 퇴촉을 얻기도 한다.

이 퇴촉을 잘 살펴보면 층이 진 마디와 같은 조직이 있다. 이곳은 원래 잎이나 꽃대가 붙어 있던 자리로 반드시 휴면 상태의 잠아가 있다. 적당한 온도와 습도를 유지시켜 주면 잠자고 있던 눈이 깨어나 싹을 내게 된다. 이것을 퇴촉 틔우기라 하며, 새로 싹이 난 촉을 잘 키워 어미 촉으로 만들었을 때 난 기르기의 보람을 찾을 수 있다.

퇴촉 틔우기는 3～5월에 하는 것이 좋다. 먼저 물로 깨끗이 퇴촉을 씻은 다음, 하나하나 떼는 것보다는 2～3개씩 붙여서 심는 것이 좋다. 벌브가 검은색이거나 검은 반점이 있는 것, 물렁물렁한 것은 좋지 않으며, 병균의 침입을 받은 잠아는 새 촉이 나올 가능성이 희박하다. 퇴촉에 붙어 있는 떡잎이 마른 것은 가급적이면 그냥 두되 지저분하게 보일 때는 약간만 벗기고 모두 떼어서는 안 된다. 그리고 뿌리가 많으면 수분을 지나치게 많이 흡수하여 잎에서 발산하지 못하고 뿌리가 썩을 우려가 있으므로 1～3개의 뿌리만 남기고 솎아내는 것

이 좋다.

뿌리가 모두 썩었을 경우에는 중심주(中心柱)만 남기고 뿌리를 훑어낸다. 이것은 새 촉이 나와서 물을 줄 때 벌브가 움직이는 것을 막기 위해서이다. 만약 잎이 한 장이라도 붙어 있으면 그대로 두는 것이 새싹이 잘 나온다. 이때는 뿌리를 솎아서는 안 된다.

퇴촉은 활성제 100배 액에 하루 정도 담가 두었다가 심는 것이 발아율에 좋다. 퇴촉을 수태로 싼 다음에 난을 심는 식재로 난분에 심어 주면 된다.

분에 심은 다음에는 습도를 유지하기 위해 1.5리터 음료수 병의 밑부분을 잘라 분 위에 덮어 씌워 준다. 한 달 가량 따뜻한 곳에 두며 온도는 25도 정도를 유지한다. 물을 주지 않다가 한 달 뒤에 음료수 병의 뚜껑을 벗겨 환기시킨다. 두 달이 되면 뚜껑을 벗기고 햇빛을 쬐게 한다. 이때 새 촉이 나오는데 그뒤에는 한 달에 한 번씩 하이포넥스 4,000배 액을 주면 성장에 도움이 된다. 아직 어린 싹은 병에 잘 걸리므로 통풍이나 햇빛 관리에 신경을 써야 한다.

우아한 자태가 매혹적인 동양란

Orchid Orchid Orchid Orchid Orch

춘란 | 하란 | 추란 | 한란

난은 꽃이 달리는 수량, 개화 시기, 잎의 크기 등 보는 각도에 따라 분류 방법이 다양하다. 꽃을 피우는 시기에 따라 분류할 수도 있는데 봄에 피는 것을 춘란(春蘭), 여름에 피는 것을 하란(夏蘭), 가을에 피는 것을 추란(秋蘭)이라 하며 한란(寒蘭)은 가을부터 다음해 1월까지 피는 난이다. 오늘날에는 향기의 유무(有無)를 비롯하여 엽예, 화예 등 난을 관상하는 방법이 다양해지고 있다.

춘란

난의 역사에서 가장 오래된 것은 춘란이다. 봄에 꽃을 피우는 춘란류는 한국, 일본, 중국, 대만 등지에서 자생한다. 이들은 각각 자생하는 나라 이름을 붙여 한국 춘란, 일본 춘란, 중국 춘란, 대만 춘란 등으로 불린다.

춘란은 온대 지방의 소나무 등 낙엽수림대에 많이 자생하고 있다. 이들 춘란은 모양은 비슷하게 보이지만 약간씩 차이가 있다. 한국 춘란과 일본 춘란, 중국 후베이성(湖北省)에 자생하는 춘란은 꽃대 하나에 한 송이의 꽃을 피우지만 향기가 없다. 이에 반해, 중국 저장성(浙江省)에 자생하는 중국 춘란 일경일화(一莖一華)와 일경구화(一莖九華), 대만 춘란, 중국 윈난성(雲南省) 등에서 자생하는 오지(奥地) 춘란은 꽃대 하나에 한 송이에서 여러 송이에 이르는 꽃을 피우며 맑은 향기를 낸다. 꽃을 피우는 시기는 봄이라 해도 약간씩 차이가 있다.

전형적인 난꽃의 형태는 외삼판과 내이판, 혀〔舌〕의 여섯 장으로 이루어진다. 주로 꽃대 하나에 한 송이의 꽃을 피우며, 간혹 세력이 좋은 것은 꽃대 하나에 두 송이를 한꺼번에 피우기도 한다. 중국 춘란 일경구화는 독특하게 여러 송이의 꽃을 피우는 일경다화(一莖多華)이고, 간혹 춘란 중에는 한 송이에서 세 송이의 꽃을 피우는 종류가 있다.

외삼판 가운데 위쪽에 있는 것은 주판(主瓣)이라 하고, 양쪽 두 장은 부판(副瓣)이라 부른다. 이 주 · 부판의 색채에 따라 꽃 빛깔의 좋고 나쁨이 좌우된다. 내이판이라고 불리는 봉심(捧心)은 외삼판과 같은 형태이며 그보다 조금 작다. 꽃의 자태를 결정짓는 중요한 요소로, 생식 기관인 비두(鼻頭)를 감싸고 있다. 꽃대는 포의라는 얇은 막으로 싸여 있으며, 약 10～30센티미터로 뻗어 난다.

잎의 길이는 보통 20～50센티미터 정도이고, 폭은 0.5～1센티미터 안팎으로 끝이 뾰족한 것이 대부분이며 가장자리에는 미세하지만 톱니처럼 거친 것이 있다. 짙은 녹색으로 광택을 갖는 것이 많으며 다양한 무늬 변화를 보인다.

가구경이라고도 불리는 벌브는 다른 동양란보다 작은 편에 속하고, 뿌리는 굵고 길며 실뿌리가 없이 구경의 마디에서 뻗는다.

한국 춘란

한국 춘란은 예부터 봄을 알린다고 하여(3～4월까지 개화) 보춘화(報春花), 꿩밥, 개란, 산난초, 아가다래 등으로도 불리며 우리나라 남부 지방 어느 곳에서나 눈에 띄는 친숙한 식물이다. 잎에 무늬가 없고 꽃이 평범한 품종은 너무 흔하기 때문에 민춘란이라 하며, 이 가운데 잎에 무늬가 들었거나 꽃에 색상이 든 변이종을 원예화하여 한국 춘란이라 한다.

중국 춘란과 마찬가지로 꽃대 하나에 한 송이의 꽃을 피우며 꽃은 녹색을 기본으로 한다. 향기는 없는 듯 약한 향만을 내기 때문에 꽃색과 무늬가 중요 관심사이지만, 1990년도에는 향이 있는 유향종도 발견되어 난 애호가들의 관심을 끌었다. 춘란 잎의 넓이는 0.3～2센티미터, 길이는 20～30센티미터 정도이지만 개체에 따라 큰 차이를 보인다.

한국 춘란이 자생하는 지역은 한반도 북위 38도 이하의 동서남 해안으로, 바람이 잘 불고 오전에 빛이 드는 소나무 숲의 지상부에 자생하고 있다. 난의 생장 조건으로 볼 때 우리나라는 추운 편이며, 대륙성 기후이기 때문에 습도 또한 낮아 흡족한 조건은 아니다.

동양란의 자생 북방 한계선은 북위 30도 전후로 알려지고 있다. 우리나라는 위도상 전라남북도와 경상북도가 해당한다. 이러한 조건은 오히려 많은 변

한국 춘란 엽예품

1 **중투호 '세보(世寶)'** 명주실처럼 선명한 실호에서 발전하여 백황색의 무늬색과 호의 대비가 일품이다.
2 **중투호 '진주수(眞珠壽)'** 한국 춘란 엽예품의 아름다움을 극명하게 보여 주는 작품. 극황의 무늬와 녹색의 대비가 뚜렷하며 개체의 특성을 완벽하게 드러내는 우수품이다.
3 **사피반 '청룡(青龍)'** 백황색의 잎 전면에 녹색의 점이 고르게 든 사피반 우수품이다.
4 **복륜반 '처용(處龍)'** 넓은 잎장마다 백황색의 테두리를 깊게 두른 단정한 자태의 복륜반으로, 잎 전체에 흐르는 윤기로 인해 건강하게 느껴진다.

일본 춘란 화예품

1 **적화(赤花) '무기(舞妓)'** 주홍색이 낀 듯한 적홍색을 갖는 꽃잎은 후육이며 종심도 단정한 평견피기이다. 새 촉은 서호반(曙虎斑)을 띠며 자라면서 사라진다.

2 **주금화(朱金花) '직희(織姬)'** 주금색을 띠는 꽃잎은 수선판이며 평견피기를 보이는 대륜의 꽃이다. 혀에는 두 개의 홍점이 선명하며 전체적인 자태가 매우 단정한 우수품이다. 잎은 중엽에 중수엽.

3 **산반화(散斑花) '산지단(山之端)'** 산반에 대복륜을 갖다 점차 흐려지는 중수엽의 잎에 같은 예(藝)를 보이는 둥근 꽃이 핀다.

4 **홍화(紅花) '여추(女雛)'** 꽃은 후육에 끝이 둥글고 맑은 적홍색으로 기부에 짧은 화근이 들며, 작고 약간 아래로 처진다. 봉심은 단정하며 U자형이다.

일본 춘란 엽예품

5 **중투호 '금각보(金閣寶)'** 인기 있는 귀품(貴品) 중의 하나로 진녹색의 깊은 녹복륜에 선명하고 맑은 황백색의 무늬가 들었다.

6 **사피반 '수문룡(守門龍)'** 사피반을 대표하는 품종으로, 대엽의 광엽에 중수엽을 갖는 잎 전체로 선명한 전면사피가 물들어 있는 우수품이다.

5

6

일본 춘란은 한국 춘란보다 잎이 좁은 감이 있었지만 200년 이상의 배양 역사 속에서 많은 변이 개체를 개발해 놓고 있다. 꽃을 감상하는 화예품은 적화(赤花), 주금화(朱金花), 황화(黃花), 자화(紫花), 복색화(複色花), 산반화(散斑花), 기화(奇花), 소심(素心) 등으로 분류된다. 잎을 감상하는 엽예품은 복륜물(覆輪物), 호물(縞物), 호반물(虎斑物), 사피물(蛇皮物) 등으로 나누어진다. 엽예품으로는 호피반에 우수 품종이 많으며, 화예품 가운데 특히 홍화에 우수 품종이 많다.

중국 춘란

동양란 가운데 가장 오랜 역사를 지니고 있는 중국 춘란은, 난의 분류법 및 난에 대한 감상법을 발전시켜 지금까지 난문화계의 주축을 이루며 발전해 왔다. 난을 감상하고 분류하는 기본적인 방법이 중국의 방법과 같기 때문에 세계에서 중국 춘란이 차지하는 위치가 높다.

중국 춘란은 한 꽃대에 한 송이의 꽃이 피는 일경일화와 여러 개의 꽃이 피는 일경구화로 나누어진다. 중국 춘란 일경일화의 꽃은 일반적으로 담록색 꽃

1 **중국 춘란 '서신매'** 부드러우면서도 광택이 있는 엷은 취록색의 꽃이 평견으로 핀다. 가장자리가 유백색 또는 황백색의 물을 들인 듯 부드럽고 연한 느낌을 주는 봉심에 백색의 투구가 있고, 혀는 두터운 유해설(劉海舌)로 설판 위에 크고 둥근 홍일점이 찍혀 있다.

2 **중국 춘란 '취개'** 비취색의 아름다운 꽃은 아주 짧고 둥글다. 봉심은 둥글고, 혀는 후육의 대원설(大圓舌)로 선명한 U자형의 홍점을 갖는다.

잎에 다갈색 줄이 있으며 꽃의 향도 매우 맑다. 일경구화는 일경일화보다 꽃 피는 시기가 다소 늦은 4～5월경이며 잎보다 다소 높게 올라온 꽃대에서 5～10여 송이의 꽃을 피운다. 다른 난의 잎은 대개 5장 정도인데 비해 일경구화는 7～8장으로 다소 많으며, 매우 강건하여 뻣뻣하게 보인다. 잎의 수가 많은 것에 비하여 벌브가 상당히 작으며, 뿌리는 다른 난에 비해 비교가 안 될 정도로 굵고 길며 많다. 잎은 가늘고 거칠지만 비스듬히 길게 서는 경향이 있다.

꽃대의 빛깔에 따라 녹경(綠莖)과 적경(赤莖)으로 나누며, 꽃 전체가 맑은 녹색으로 잡스런 점이나 줄이 없는 소심이 있다. 녹경이란 꽃대가 녹색으로 되어 있는 것을 말하며 종류로는 극품(極品), 대일품(大一品), 경화매(慶華梅)

중국 춘란 '여의소' 맑고 선명한 담록색이 일품인 소심. 봉심은 고양이 귀처럼 바로 서서 벌어지는 묘이봉심(猫耳捧心)으로 주 · 부판과 봉심의 끝이 모두 뾰족한 평견화이다.

등이 있다. 적경은 꽃대 또는 씨방에 붉은 기운이 도는 것을 말하며 종류로는 남양매(南陽梅), 정매(程梅) 등이 있다.

꽃잎은 모양에 따라 매판, 수선판, 하화판, 기종, 소심 등으로 분류한다. 매판이란 꽃잎의 생김새가 매화 꽃잎과 비슷한 것을 말한다. 꽃잎의 끝부분이 둥글고 꽃이 붙은 밑부분은 가늘어서 단단해 보이며, 두텁다. 봉심에는 반드시 투구〔兜〕라는 단단하면서도 유연하고 두터운 살덩이가 있어 꽃을 조화 있게 해 준다. 중국 춘란의 명품 가운데 많은 자리를 차지하는 것이 매판이다. 매판계의 품종은 이름에 대체로 매(梅)자가 붙어 이름만으로도 쉽게 구별이 된다. 종류로는 송매(宋梅), 만자(萬字), 집원(集圓), 서신매(西神梅) 등이 있다.

중국 춘란 '녹운(綠雲)' 특이한 종의 으뜸되는 명품으로, 꽃잎의 수가 많아 6~9매 정도 피며, 꽃색은 깨끗한 녹색으로 짧고 넓으며 두터운 잎을 갖는다.

수선판이란 수선화의 꽃 모양을 닮았다 하여 붙여진 이름이다. 꽃잎의 밑에서 중간까지는 가늘고 중간부터 넓어지며, 봉심에는 반드시 투구가 있어야 한다. 수선판의 잎은 대개 가늘며 활달한 인상을 준다. 종류로는 용자(龍字), 취일품(翠一品), 왕자(汪字), 춘일품(春一品), 의춘선(宜春仙) 등이 있다.

하화판은 꽃잎이 특히 넓고 크며 끝이 둥글게 말려들어가 연꽃잎을 연상케 한다. 대부분 꽃대가 짧아 잎의 곡선을 그대로 드러낸다. 하화판에 속한 품종의 명칭에는 '하(荷)' 자를 붙여 부르고 있다. 앞서 설명한 매판과 수선판의 봉심에는 반드시 투구가 있어야 하지만, 이 하화판의 봉심에는 투구가 없는 것이 보통이다. 매판처럼 전해 오는 품종이 많지 않아 대단한 희소 가치가 있다. 종류로는 대부귀(大富貴), 대괴하(大魁荷), 환구하정(寰球荷鼎), 취개(翠蓋) 등이 있다.

이 밖에도 소심과 정상적인 꽃의 형태에서 벗어난 특이한 종〔奇種〕이 있다. 소심은 온주소(溫州素), 여의소(如意素) 등이 있다.

대만 춘란

춘란이라 하면 한국 춘란, 일본 춘란, 중국 춘란을 떠올리지만 대만에도 봄에 꽃을 피우는 춘란이 자생하고 있다. 중국과 교류가 어려웠던 1970년대에는 대만 춘란이 우리나라에 많이 들어왔으나, 명품의 수가 적고 배양이 까다로운데다 대만 정부가 채취를 강력히 규제하여 지금은 수입되는 춘란의 양이 적다.

대만 춘란은 중국 춘란과 품종이 비슷하며 향이 있다. 꽃이 피는 시기는 한국 춘란이나 일본 춘란, 중국 춘란에 비해 약간 이르며 빠른 것은 1월부터 시작하여 2~3월에 활짝 핀다.

1 **아리산춘란** 대만 8경(八景)의 하나로 꼽히는 아리산(阿里山)에서 나는 춘란으로 잎폭이 중엽이며, 담록색이 드는 도화(桃花), 백화(白花) 등 아름다운 꽃색을 갖는다.
2 **사란백화**

한 꽃대에 2～3송이의 꽃을 피우는 다화성의 비아란(埤雅蘭), 잎이 넓고 길며 꽃송이도 큰 설란(雪蘭), 그리고 잎이 가녀린 아리산춘란(阿里山春蘭), 잎이 3밀리미터 정도로 가느다란 사란(糸蘭)이 있다.

오지 춘란

중국 대륙 깊숙한 쓰촨성(四川省), 윈난성(雲南省), 구이저우성(貴州省) 그리고 티벳(西藏) 등지에서 자라는 난을 오지 춘란이라 한다. 중국에서도 최근 개발되었기에 중국 춘란과는 별도로 다룬다. 이 지역은 해발 1,000미터 이상의 고산지대이지만 위도가 26～30도로 남서제도에서 대만과 같은 아열대 지역이다. 이 지역에는 동양란이라 일컬어

1 연판란
2 은간소
3 룡창소

지는 거의 모든 난이 자생하고 있는데, 춘란의 일경구화, 춘검란(春劍蘭), 춘록란(春綠蘭), 독점춘(獨占春), 타타향(朶朶香), 연판란(蓮瓣蘭), 대설란(大雪蘭), 사란, 하란(夏蘭)의 옥화란(玉花蘭), 소심란(素心蘭), 한란, 금릉변란(金稜邊蘭), 보세란(報歲蘭), 호두란(虎頭蘭) 등이 있다.

하란

중국 푸젠성(福建省)이 원산지로서 6월부터 9월에 걸쳐 향이 짙은 꽃을 피우는 건란, 자란, 옥화란, 고금륜란(古今輪蘭), 소엽란을 지칭하며 대부분 잎에 무늬를 가지고 있어 세엽혜란(細葉蕙蘭)에 포함된다.

건란

중국 푸젠성에 자생하여 건란(建蘭)이라는 이름이 붙었다. 잎이 꼿꼿하여 웅란(雄蘭)이라고도 하며, 일본에서는 준하란(駿河蘭)이라 부르고 있다. 7~8월에 피는 하란을 대표하는 난으로 하나의 꽃대에 담록색의 향기나는 꽃이 여러 송이 핀다. 잎은 입엽으로 강건하다.

자란

자란(紫蘭)은 건란에 비해 여성스럽다 하여 붙여진 이름으로 푸젠성 장저우(璋州)가 원산지라 장란(璋蘭)이라고도 한다. 잎은 폭 11센티미터, 길이 50센티미터 정도로 얇으며 중수엽성이나 옥화란과 더불어 세엽혜란 중에서는 대엽성이다. 꽃은 7~9월에 걸쳐 길이 50센티미터 정도의 꽃대에 6~10송이가 피는데, 직경 5~6센티미터에 향이 진하다. 건란보다 추위에 약하다.

1 건란
2 자란

추란

추란은 8월 하순부터 10월 초순에 걸쳐 꽃을 피운다. 그윽한 향기를 내고 꽃의 설판에 점이 없는 소심화(추란소심)가 중심이 되며, 같은 계절에 꽃이 피는 사계란도 이에 포함된다.

소심란

8월 하순부터 10월에 걸쳐 개화하는 일경다화로 향기가 있으며, 가을에 피기 때문에 추란소심(秋蘭素心)이라고도 한다. 중국 중남부의 장쑤성(江蘇省), 저장성, 푸젠성과 오지 그리고 대만에 자생하며, 꽃은 직경 3~6센티미터, 꽃대는 30~40센티미터로 자라고, 3~5송이가 핀다. 꽃, 혀, 꽃대는 백색 내지 담황색으로 잡색이 전혀 없다.

1 **철골 소심(鐵骨素心)** 잎이 가늘고 잎의 골이 V자형으로 곧게 위로 뻗는 성질이 있다. 꽃송이는 작고 꽃색은 다른 소심보다 특히 희다.
2 **관음 소심(觀音素心)**

한란

한란은 찬바람이 불기 시작하는 10월 말부터 이듬해 2월까지 한 꽃대에서 보통 3～20송이의 꽃을 피운다. 꽃대 하나에 여러 개의 꽃을 피우는 난을 혜란이라 하는데 한란도 혜란에 속한다. 꽃의 명칭이나 분류는 혜란과 같다. 다양한 꽃 모양과 빛깔, 빼어난 잎의 자태로 매력을 더하며, 꽃의 관상 시기가 길고 청향(淸香)이라는 그윽한 향기가 있다.

한란은 우리나라 제주도와 일본 남부 지방, 대만의 고산지대, 중국 저장성, 윈난성 등의 활엽수림에서 분포하여 자생하는 심비디움속 상록(常綠) 다년초이다. 최근에는 전라남도 도서 지방에서도 발견된 예가 있다. 잎은 짙은 녹색을 띠며 윤기가 있다. 밑부분은 가늘고 폭 1～2센티미터, 길이는 40～60센티미터 정도이며, 가장자리에는 다소 약한 톱니가 있다.

이미 본문 '난 이해하기, 둘' 장에서 여러 가지 꽃의 명칭이나 분류법을 소개하였으므로 여기서는 꽃색과 모양에 따른 분류만을 살펴보기로 하자.

소심 내 · 외판 자방, 꽃대 모두 녹백색 또는 녹색이며, 혀 역시 미색처럼 연한 흰색이나 연한 녹색 등으로 다른 색이 섞이지 않은 상태를 말한다. 혀의 색에 따라 백태소(白胎素), 녹태소(綠胎素) 등으로 나누어진다.

준소심(準素心) 소심의 형태에서 약간의 변이가 있는 것으로 도시소(桃腮素)와 자모소(刺毛素)가 있다. 소심에서 혀의 밑부분에 약간의 도색(桃色)을 띠는 것을 도시소라 하고, 혀의 전면에 걸쳐 바늘 끝으로 콕콕 찔러 문신을 박은 듯한 것과 엷은 도색의 점들이 흩어져 있는 것을 자모소라고 한다.

청청화(靑靑花) 씨방, 꽃대 모두 담록백색(淡綠白色)으로 탁하지 않고, 내 · 외판은 홍자색(紅紫色)으로 색근(色筋)이나 탁한 것이 없는 상태를 말한다.

청화(靑花) 내 · 외판 색이 한란의 원색인 녹색으로 내 · 외판, 자방, 꽃

한란 꽃 형태에 의한 분류

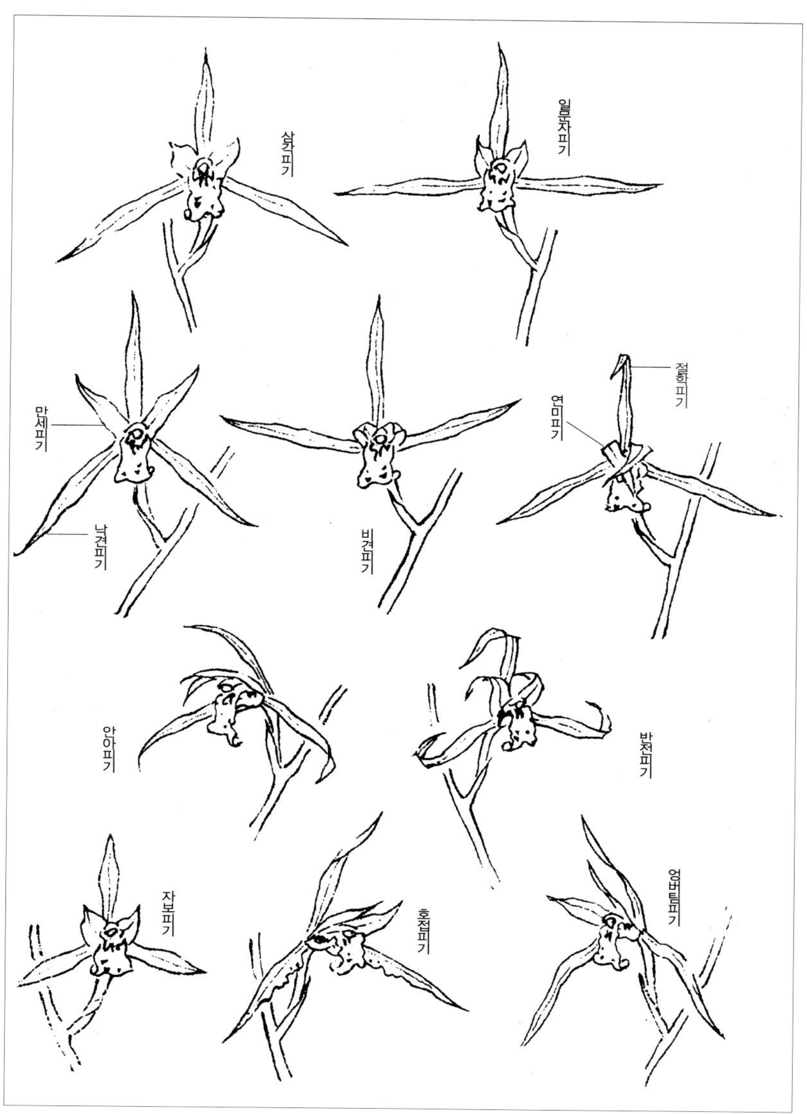

삼각피기
일문자피기
만세피기
낙견피기
비견피기
연미피기
절화피기
안아피기
반전피기
자보피기
호접피기
엉버팀피기

1 제주 한란 청화
2 제주 한란 홍화

대의 전부 또는 일부분에 자홍색(紫紅色) 등의 색이 섞여 있는 상태를 말한다. 한란에서 가장 많은 부분을 차지한다.

도화(桃花) 내 · 외판이 도홍색(桃紅色)을 띠고 있는 상태이다.

홍화(紅花) 색의 범위가 넓어 도화에 가까운 것부터 암홍갈색(暗紅褐色)까지 다양한 색 변화를 갖는다. 내 · 외판이 홍색을 띠고 있다.

3 제주 한란 경사화
4 제주 한란 황화

경사화(更紗花) 내 · 외판에 바탕색과는 다른 경사(更紗, 잎맥)가 드는 경우이다. 바탕색을 따서 청경사(靑更紗), 홍경사(紅更紗), 도경사(桃更紗) 등으로 부른다.

황화(黃花) 내 · 외판이 황색인 것으로 꽃잎에 홍근(紅筋)이 들어간 것도 포함시킨다.

일본 한란(꽃색에 의한 분류)

1 **일광(日光)** 복숭아빛이 선명하다 못해 붉은 기운이 감돌아 신비한 빛을 발한다. 삼각피기의 대륜으로 주판에 절학(折鶴)의 예(藝)를 보인다.

2 **은령(銀鈴)** 꽃은 물론 자방, 꽃대까지 맑은 담록색의 청청화이다.

3 **일향백룡(日向白龍)** 짙은 녹색의 깨끗한 소심으로 삼각피기의 대륜화. 혀 또한 백색에 가깝고 전혀 잡색이 없어 청정한 느낌으로 기품을 더한다.

4 **화신(華神)** 선명한 농홍색(濃紅色)의 화색이 돋보이는 품종. 삼각피기의 단정한 화형에 단정한 봉심이 난의 긴장미를 느끼게 하고 혀는 대원설(大圓舌)로 백색 바탕에 진한 자색의 점이 들어 있다.

5 **백설관(白舌冠)** 노란빛이 감도는 녹색 바탕에 홍색의 가는 잎맥이 들어간 청경사화이다. 꽃잎은 일문자에 가까운 삼각피기이다.

6 **가구야희** 황화의 귀품. 대륜의 일문자피기의 화형으로 주판에는 절학의 예를 보인다.

3
4

5

6

한국 한란

제주도에서만 자생하기 때문에 제주 한란이라고도 한다. 주로 한라산 남쪽 서귀포시나 남제주군 일원에 걸쳐 해발 200~600미터 사이에 분포한다.

한국 한란은 1967년 11월에 천연기념물 제191호로 지정되었으며, 지금까지 도외 반출(島外搬出)을 금한 채 문화재보호법으로 보호되고 있다. 최근에는 전라남도 도서 지방에서도 발견되어 재배되고 있다.

일본 한란

한란이라 하면 일본 한란을 지칭할 정도로 우수 품종이 많이 산출되었다. 일본은 남으로 뻗은 열도를 따라 흐르는 북태평양 난류로 인해 겨울에도 한란 산지는 동결되지 않는 천혜(天惠)의 조건을 갖추고 있다.

중국 · 대만 한란

중국과 대만의 한란은 감상 가치면에서 한국 한란이나 일본 한란에 비해 잎맥이 두드러지게 뚜렷하며 유난히 잎이 길다는 특징이 있다.

중국 한란은 여러 곳에 자생하며 특히 저장성에서 자생하는 것은 항저우(杭州) 한란이라고도 부른다. 항저우 한란에는 향기가 없는 품종도 있다. 잎 모양은 대체로 한국 한란이나 일본 한란과 비슷하다. 다양한 색의 꽃이 피는데 대만 한란과 더불어 한국 한란 · 일본 한란이 질 무렵(11월 말)부터 피기 시작한다.

대만 한란은 특히 잎이 길며 잎맥이 강한 것이 특징이다. 윤기가 떨어져 감상 가치가 뒤진다고 볼 수 있으나, 강하여 번식도 잘 되며 꽃도 잘 피운다.

외관상으로 난의 종류를 구별하려면

잎만 보고 난의 품종을 구별하는 것은 쉬운 일이 아니다. 그러나 춘란과 한란, 일경구화의 경우는 잎만 보고도 어느 정도 구별이 가능할 정도로 각기 나름의 특색을 갖는다.

먼저 일경구화가 가장 강건한 성질을 갖고 있어서 뻣뻣하게 보이는 특징이 있다. 자생지에서는 70센티미터 이상의 큰 잎이 분에서 기를 때는 약 30~40센티미터로 변하지만, 대체로 5장 안팎의 잎을 갖는 다른 종류에 비해 7~8장으로 다소 많은 잎장 수를 가지며 억세 보인다. 잎맥이 뚜렷하며 가장자리에 나타나는 거치(난잎의 가장자리가 톱니처럼 들쭉날쭉한 상태로 있는 것)가 날카롭다. 또한 많은 잎장 수에 비해 벌브는 없다고 할 정도로 상당히 작으며 뿌리는 이에 반하여 굵고 길다.

한란은 주로 20~70센티미터이며, 30~50센티미터인 것이 많다. 잎의 가장자리를 쓸어보면 미세한 거치가 있으나 춘란이나 일경구화에 비해 없는 것이라고 할 정도로 약하다. 입엽이나 중입엽이 많고 윤택이 나서 매우 매끈하다는 인상을 준다. 억세 보이는 일경구화와는 상당히 대조를 이룬다.

춘란은 우선 이들보다 작아 보인다. 여러 형태의 잎 모양새를 갖는데, 대개 중수엽을 많이 보인다. 20~50센티미터의 길이를 보이지만 대체로 30센티미터 내외가 가장 많다. 벌브가 굵은 편에 속하고 거치는 미세하지만 거칠어 한란과 일경구화의 중간 형태라 할 수 있다. 잎들은 일반적으로 광택을 보이는 경우가 많지만 한란과 비교하여 광택이 주는 이미지에 많은 차이가 있다.

중투호 · 중압호의 아름다움

난의 잎은 다른 풀잎과 달리 엽육(葉肉)이 두껍고 끝이 약간 뭉툭한 편이다. 엽육이 두꺼우므로 선의 힘이 무게 있게 뻗어 나간다. 그러면서도 너무 가볍지 않은 힘을 느끼게 된다. 이 힘이 난을 하는 사람들을 긴장하게 얽어매는 것이다. 긴장감을 주는 잎의 무게, 이 잎의 힘이야말로 기(氣)를 느끼게 하는 난의 멋이다.

그러면 잎의 무늬는 어떻게 해서 나타나는 것인가? 난에서 생장점은 뿌리의 선단 부분과 벌브에 있다. 뿌리 선단 부분의 생장점은 뿌리를 자라게 하지만, 구경에 있는 생장점을 잘라서 절단면을 보면 세포가 3층의 구조를 이루고 있음을 알 수 있다. 이 3층의 구조에서 어느 층이 변화하는가에 따라 무늬가 나타나는 것이다. 또한 이 무늬가 유전하는가에 따라 사피반과 호피반 등의 무늬가 나타나는 모양반과 다른 유전자를 가지는 세포가 덩어리가 되어 분포하는 키메라반으로 분류할 수 있다.

호피반이나 사피반 등 무늬가 발견된 자생지에는 같은 종류가 많이 나타나는 반면에, 키메라반은 동일주 중에서도 부분에 따라 다른 유전자를 가지는 세포 덩어리가 되어 분포하는 무늬이다. 키메라는 그리스 신화에 등장하는 괴물로, 머리는 사자, 몸체는 산양, 꼬리는 용처럼 생겨서 하나의 몸에 여러 가지 다른 성질을 가지는 동물이다. 이런 상상의 동물처럼 난에서도 키메라반은 복륜, 호, 중투, 중압 등 여러 가지 다른 성질이 혼재되어 있다.

엽심과 중반 · 중투호

난에 있어서 명품의 요건으로 무늬는 물론 중요한 위치를 갖는다. 그러나 무늬가 중요하다 하여 식물의 기본이 되는 녹색이 중요하지 않다는 것은 아니다.

무늬는 선이 모여서 일정한 면적을 차지하면 녹색과 대비되어 투명하고 예쁘게 보인다. 그러나 엽심의 비밀은 대단하여 잎 가운데가 녹색이고 감복륜을 두른 잎에 호가 잘 들어 있는 것을 중반이라 한다. 이 중반은 중투가 아니다. 중국 춘란 '군기(軍旗)'의 무늬처럼 엽심은 녹색이고 호가 변화 있게 들어 있는 것을 중반이라 한다. 이 품종는 엽심이 투명하게 되는 중투호의 예로 변하는 것이 어려운 편이다. 보통은 계속 호가 나오며 무늬가 없는 무지로 변하는 수도 있다. 그러나 이러한 군기도 중투호의 예로 변하여 '천산(天山)'이라 불리는 명품으로 변하기도 했다. 그렇지만 보통의 군기들은 모두 중투호가 아닌, 엽심은 녹색이고 그 주위는 호로 변화되는 중반으로 품종이 고정되어 있다.

중반과 중투호를 나눌 때 왜 엽심을 중요하게 여기는가? 그것은 잎의 중앙부에 무늬가 들어야만 다음 대에도 비교적 무늬가 잘 들며, 그래야 품종으로 고정되기 때문이다. 정확히 녹색의 감복륜이나 감조를 잘 두르고 있는 품종에 엽심이 녹색이 아니고 백색이나 황색으로 호가 들어가 가운데가 비치는 듯한 형태가 중투호이다. 이 무늬도 난에 따라 변화가 많아서 중투호로 고정되어 있는

가 없는가를 눈여겨보는 것이 상당히 중요하다.

물론 잎 중앙 부분의 면적은 변화하기 마련이며, 이 변화 또한 중요한 역할을 한다. 중투는 잎 밑부분의 기부에서 잎 끝까지 테두리에 녹이 남아 감복륜이나 감조를 걸치면서 엽심이 하얗거나 노랗게 비치는 상태를 이야기하는 용어이며, 말 그대로 가운데가 투명하다고 느끼는 무늬이다. 모든 잎마다 중투가 나타나는 예는 드물지만 중국 춘란 군기에서 변한 천산, 일본 춘란의 질부금(秩父錦)에는 비교적 잘 나타난다.

이렇듯 정확히 드는 중투는 무늬의 상태를 설명하는 것이지, 품종으로 고정된 것은 아니기에 중투호로 이야기한다. 즉, 잎에 중투가 들어 있어도 그 난의 모든 잎에 중투뿐만 아니라 중투호가 나타나기에 중투호라고 한다. 그래서 거의 대부분은 잎의 기부에서 잎끝을 향해 녹색의 호가 올라가도, 또 잎끝인 선단부에서 녹색의 불규칙한 무늬가 내려오기도 한다.

이 중투호 무늬의 종류는 다음의 일곱 가지 형태가 나타난다.

첫째, 감복륜이 잘 나타나고 엽심에 무늬색이 투명하게 잘 든 것
둘째, 감조, 즉 잎 끝부분에 손톱처럼 길지 않은 녹색의 조가 들고 엽심에 무늬가 투명하게 든 것
셋째, 중투의 투명한 무늬 속으로 녹색의 호가 들어 있는 듯한 형태

넷째, 잎의 중앙부, 즉 엽심만 투명하게 든 형태

다섯째, 잎의 중앙부인 엽심에는 물론 무늬가 들고 호가 양쪽으로 기부에서부터 올라오는 형태

여섯째, 잎의 끝부분의 선단부에 녹색의 축입이 들거나 잎의 끝에서 아래로 감호가 내려오는 형태

일곱째, 녹색의 감축입으로 둘러싸여 기부를 향해 진한 녹색을 남기는 축입이 뻗어 내려오고 잎의 기부에서부터 잎의 끝을 향하여 무늬색의 호를 밀고 올라가는 형태의 무늬로, 녹색의 호가 마주치거나 서로 엇갈리는 형태

중압호의 아름다움

첫째와 둘째 무늬가 중투이고, 셋째에서 여섯째까지가 중투호, 일곱 번째처럼 나타난 무늬를 중압호라 한다. 일곱 번째 무늬는 춘란 잎의 기부에서 녹색이 고르지 않게 무늬가 올라오고 위의 축입 상태의 녹 또한 잎 밑을 향해 거칠게 내려가기 때문에 무늬가 미끈하지 않다. 무늬와 색과 바탕이 교차되는 것은 투명하리만큼 미끈하게 보이는 무늬인 중투호보다 식물이 탄소동화작용을 하는 데 훨씬 수월하고, 녹이 있기에 잎의 엽육 또한 더 두꺼워 충일한 기를 느낄 수 있다. 즉, 난의 생명력인 기가 뚜렷하여 중투호보다 건강미가 월등하다는 것을 느낄 수 있다.

이러한 무늬의 예를 갖는다고 하더라도 그 무늬 색이 어떤가에 따라 또한 난의 미적 가치는 크게 차이가 난다.

무늬의 색채는 극황색, 황색, 백황색, 백색, 담록색 등이 나타난다. 이 가운데 가장 좋은 것은 역시 백색이다. 백색이 강한 순백색이 녹색과 비교되어 청순하게 보여서 맑으면서도 녹색이 힘을 느끼게 하기에 충분하기 때문이다. 황색에서도 짙은 황색을 극황색이라 하여 높이 생각한다. 같은 극황색이면서도 엽육이 두꺼워 약간 짙게 보이는 색을 황금색으로 표현하기 시작했는데, 이 황금색은 후천적인 성격을 많이 띠지만 극황색보다 더 높게 친다. 물론 극황색은 대단히 아름다운 색상임을 누구나 인정한다. 그러나 그보다 더 튼튼한 생명력을 느낄 수 있는 황금색은 더욱 좋은 것이다.

또한 품종을 설명할 때 백중투호, 극황중투호, 백황중투호 등 무늬색으로 이야기하기도 한다. 이 무늬의 색도 바탕색인 녹색의 색채가 더 선명하고 경계가 뚜렷할수록 그 난을 더 돋보이게 하므로 물론 녹색의 짙고 맑음도 비교해야 한다.

여기에 한란의 잎에 나타나는 광택처럼 무늬에 윤기가 흐르면 그야말로 금상첨화다. 무늬를 감상하기에 제일 가는 조건이 바로 녹색과 대비되는 무늬의 색과 광택이라고 할 수 있다. 중압호를 중투호보다 높게 보는 이유도 생명력이 강해 난의 기가 출중하며 색이 대비가 뚜렷하고 경계가 분명하기 때문이다.

멋진 무늬를 감상하는 데는 잎의 형태 또한 커다란 관건이 된다. 먼저 잎이 넓으면 더 뚜렷하게 감상할 수 있다는 장점을 더하게 된다. 또한 그 난의 생명력인 탄소동화작용을 잘 할 수 있으며, 새 촉 또한 세엽에 비해 잘 나올 확률이 높다. 여기에 엽육이 두꺼우면 그만큼 튼튼한 난이 되므로 잎이 타 들어가거나 빨리 마르지 않는다.

춘란 중투의 잎은 대체적으로 중압호의 잎에 비해 얇기 때문에 빨리 타 들어가거나 빨리 마른다. 그러나 중압호의 잎은 10여 년이나 변하지 않고 노엽(老葉)이 되지 않는 잎도 있을 정도이다. 잎이 두꺼울수록, 즉 후육일수록 녹이 짙은 감모자를 잘 쓰는 것 또한 중압호의 특성이다. 이것이 난의 질감을 그대로 가진 중후하면서도 적당한 무게감의 긴장미를 느끼게 하며, 난을 칠 때 잎의 무게 중심이 있는 아름다움을 느끼게 하는 요인이다.

품종이 중압호라고 해서 난 잎마다 모두 중압호가 나타나는 것은 아니다. 보통 같은 촉에서도 중투호와 중압호가 섞여 나온다. 그렇기 때문에 중투호와 중압호를 꼭 나누어서 분류하려 하지 말고 중투호보다 중압이 잘 나타나는 잎장 수가 많은 것을 중압호로 분류하면 된다. 그러나 중투호가 많이 나타난 것은 그대로 중투호로 부르는 것이 좋다.

단엽종의 아름다움, 그 이해와 정의

난 잎은 넓이에 따라 광엽(廣葉), 세엽(細葉)으로 나누고 잎의 길이에 따라 대엽, 중엽, 단엽으로 나눈다. 그러나 잎의 폭이나 길이는 품종마다 다르기 때문에 혜란은 혜란 나름대로 나눌 수 있고 한란은 한란대로, 춘란은 춘란대로 같은 종에서 종류를 나눌 수 있다. 이때 대엽과 중엽은 보통 잎처럼 통용되나 짧은 잎인 단엽은 따로 분류하여 그 특성을 나누고 있다.

짧은 잎인 단엽종이 각광을 받은 것은 광엽혜란부터이다. 대만의 광엽혜란에서 단엽을 '달마(達摩)' 라고 하였고 1980년대에는 많은 품종을 찾아냈다. 그 후로 세엽혜란에서도 단엽종을 찾아내어 고가에 거래되었다. 이러한 영향이 일본에 유입되면서 일본인들도 단엽을 찾기 시작하였고, 한란에서도 단엽종을 찾아내고 춘란도 단엽종을 찾아내게 되었다.

일찍이 일본은 춘란 가운데 잎이 짧고 둥근 것을 환엽(丸葉)이라 하고 이 품종은 원판화나 꽃이 작은 두화를 피우는 품종으로 생각하여 왔다. 그러던 것이 1984~87년도에 한국 춘란 가운데 잎이 짧은 많은 품종이 일본으로 유입되면서 그 잎에 들어 있는 나사지(羅紗地)로부터 단엽종 붐이 불기 시작하였다.

단엽종과 환엽

난 잎은 탄소동화작용을 하여 벌브를 충실히 하고 새 촉을 잘 내고 꽃을 잘 피울 수 있게 해야 한다. 그러므로 잎은 넓고 길수록 번식이 더 용이하다. 그러나 잎이 변이된 단엽종은 짧지만 우툴두툴한 겉면적을 가짐으로써 그 겉면적을 펼치면 탄소동화할 수 있는 면적을 넓힌 것이다. 다시 말해 잎이 짧은 품종은 잎에 돌연변이가 일어났기 때문에 유전한다. 자자손손 작은 형태로 살아가야 되는 품종이다. 잎이 짧기 때문에 동화작용을 조금밖에 못하므로 될 수 있는 대로 잎의 면적을 넓게 할 수 있는 방법으로, 울퉁불퉁하게도 하고 엽질을 두껍게 하고 무수한 주름을 만들기도 하여 잎의 기능을 진화시키게 되었다.

그렇기에 나사지가 없는 짧은 잎은 환엽이라 하고, 나사지가 있는 것은 단엽종이라 하여 특별한 예(藝)를 주는 것이다. 앞으로는 단엽종과 환엽을 분명히 분류해야 할 것이다.

나사의 중요성

나사(羅紗)란 원래 양털로 짠 두터운 천을 가리키는 포르투갈어 '나사(RAXA)'에서 온 말이다. 나사라는 옷감은 18세기경 포르투갈과 스페인에서 아시아로 수입되었다고 한다. 그러므로 식물의 잎을 이야기 할 때 '나사지' 라고 하는 것은 양털로 짠 옷감처럼 우툴두툴하여 후육이고 광택이 없는 것을 말한다.

이 나사지가 있는 것은 잎도 짧고 두터운 후육이면서 잎 끝이 둥근 환엽이 되는 경향이 있다. 엽맥이 특히 굵게 나타난 품종은 웅대한 느낌을 갖게 한다. 나사지에 엽맥이 깊고 굵게 박히면 그만큼 더 후육으로 보이고 힘이 있는 잎으로 보이기 때문이다. 이런 나사지가 많이 나타나는 식물로는 고전 원예식물인 만년청(万年青)과 야생란이 있으며 타래란, 사철란, 풍란, 석곡 등에서도 볼 수 있다.

나사지가 잎에 나타나더라도 후육이 아닌 박육(薄肉)이면 쇠붙이를 깎는 연장인 줄과 같다 하여 여엽(濾葉:줄잎)이라 하여 구별한다. 또 잎이 짧아도 나사지가 없고 잎끝이 둥글면 그냥 환엽으로 구별해야 한다. 또 잎이 나사지만큼 거칠지는 않지만 엽면 전체에 가느다란 잔주름이 들어간 예는 잔주름잎이라고 따로 분류한다.

그러면 보통 이야기하는 단엽과 단엽종은 어떻게 다른가?

단엽은 통상 짧은 잎을 이야기 할 때 쓰는 용어이고, 단엽종은 잎에 나사지가 들어 후육이면서 광택이 없는 짧은 잎을 가진 난을 말하는 품종 용어이다.

일본 한란에서 나타나는 '자보' 는 거의가 단엽이지, 단엽종은 아니다. 왜냐하면 잎에 나사가 들어 있는 품종이 드물고, 잎은 평상의 한란처럼 윤택이 있으면서도 짧기 때문이다. 이 한란들은 거의가 꽃잎이 짧은 꽃을 피운다. 꽃잎이 다른 난에 비해서 짧고 넓으며 긴장미가 있고 단정하게 보인다. 이런 꽃을 자보피기라고 한다. 그래서 한란의 작은 품종은 '단엽' 이라 하는 것이 좋다. 물론 나사지가 든 품종은 '단엽종' 이라 해야 한다. 그래서 정확히 단엽과 단엽종은 구별하여 써야 하는 것이다.

잎이 작고 짧은 품종은 후육이 되는 것이 많다. 원래 이러한 난은 두엽(豆葉)이라 이야기했으나 최근에는 잎이 넓으면서 1.5센티미터 이상, 길이가 10센티미터 정도 되는 나사지가 잘 든 난이 발견되고 있고 두엽이라는 용어의 어감과 맞지 않아 단엽종으로 분류하는 것이다. 아주 작다는 것을 표현한 '콩알같이 작다' 는 우리말처럼 두엽이란 콩알같이 작은 이미지에 걸맞지 않기 때문이다.

단엽종과 뿌리

보통 엽예품은 잘못 키우면 단엽종으로 오인되지만 나사가 들어 있는가, 잎끝이 둥근가, 후육인가를 확인하고 그래도 미심쩍으면 뿌리를 확인해 본다.

보통 식물들은 지상부와 지하부 간에 조화를 이루려는 기본적인 성질을 갖고 있다고 한다. 그렇다면 일반 춘란의 잎보다 짧은 잎을 지상부로 갖는 단엽종의 경우 당연히 그 뿌리는 짧아야 할 것이다. 이 경우 단엽종의 특성으로 뿌리를 넣어도 손색이 없을 만큼 단엽종의 뿌리는 일반 춘란의 뿌리에 비해 상당히 짧고 굵게 자라난다. 간혹 단엽종의 유전인자를 갖지 않은 품종들이 배양상의 불량으로 인하여 잎이 자라지 않은 상태에서 떡잎이 말라 버리는 경우가 있다. 이러한 품종의 경우 대체로 뿌리는 일반 춘란과 마찬가지로 짧지 않은 뿌리를 갖게 된다. 그래서 단엽종과 구별할 때 뿌리를 이야기하는 것이다.

그러나 이러한 기준은 반드시 그렇다는 당위 개념이 아니므로 뿌리만 가지고 단엽종이다, 아니다를 결론짓기는 힘들다.

단엽종을 좀더 자세히 관찰하면 재미있는 현상을 발견할 수 있다. 우리나라는 난의 품종이 상상 이상으로 발견되는데, 거치가 상당히 큰 단엽종 또한 예외가 아니다. 우리나라의 단엽종이 일본에 가서 인기를 끌듯이 우리의 우수한 품종은 아직도 많이 자리하기 때문에 좀더 배양에 신경을 쓴다면 자라는 속도는 늦어도 명품의 등장은 어렵지 않을 것임을 짐작할 수 있다. 그리고 서둘러 명명을 해야 하는 것은 일본에서 등록하기 전에 우리의 난을 우리가 등록하고 길러야 한다는 당위성 때문이다.

동양란 기르기

Orchid Orchid Orchid Orchid Orch

춘란 | 한란 | 혜란 | 풍란 · 나도풍란 | 석곡 | 석부작, 목부작 만들기

춘란

춘란은 일반 동양란과 같은 방법으로 기른다. 물을 줄 때는 배양토가 마르는 것을 기준으로 여름에는 서늘한 저녁에, 겨울에는 맑게 갠 날을 골라 오전 10시경에 준다. 오전 햇빛은 충분히 쬐어 주되, 한낮의 햇빛은 반드시 차광을 한다. 겨울철 휴면기에 들 때는 온도의 상승을 막아 최저 3~5도 정도에 관리한다. 통풍은 가능한 한 원활한 상태를 유지하되 겨울철의 찬바람은 쐬지 않도록 한다.

봄

봄이 되면 햇빛은 서서히 강해지기 시작한다. 오전의 직사광선은 충분히 쬐어 주고 10시 이후에는 차광하며, 서서히 온도가 오르면 그 시간을 단축한다.

색화(色花)를 제외한 모든 꽃은 피기 전까지 아침 햇빛을 쬐어 주는 것이

봄철의 빛 관리 햇살이 따가워지는 4월이 되면 차광막을 한 겹 쳐 둔 상태로, 50퍼센트 정도의 빛을 가려 준다.

춘란의 꽃망울

좋다. 그러나 꽃망울이 도톰해지면 강한 빛을 피하고, 꽃봉오리가 벌어지기 시작하면 그늘진 곳으로 옮겨 준다. 꽃이 피면 물에 닿지 않도록 주의한다. 꽃에 물이 닿으면 꽃잎에 반점이 생기거나 쉽게 시들어 버리기 때문이다. 꽃이 핀 뒤 2주일 정도 지나면 시들지 않더라도 소독된 가위나 칼로 꽃대를 잘라 준다. 분갈이를 해야 할 난은 춘분을 전후하여 꽃이 피어 있더라도 조금 일찍 잘라 버리고 실시한다.

물을 주는 횟수는 온도가 올라가면 서서히 늘리기 시작한다. 4월부터는 물을 준 후 충분히 환기를 시켜야, 온도가 올라가는 오후에 고온 다습한 환경으로 난이 물러지는 것을 막을 수 있다. 5월 하순부터는 저녁에 물을 준다.

5월이면 새 촉이 나오기 시작한다. 새 촉에는 물이 고이지 않도록 주의해야 하는데, 혹시 물이 고여 있으면 연약한 조직이 물크러지거나 병충해를 입기 쉽다. 잎이 교차하는 곳에 물이 고이면 면봉으로 물기를 닦아 준다.

비료는 월 2～3회 주는데, 맑게 갠 날 아침에 준다. 비료를 하는 게 번잡하면 2월이 되면서 유기질 비료인 고형 비료를 분 위에 2～3개 정도 얹어 준다. 온도가 점점 올라가는 계절이므로 실내가 너무 더워지지 않도록 충분히 환기시킨다.

여름

6월부터는 햇빛이 강해져 통풍에 더욱 신경을 써야 한다. 특히 장마철에 접어들면 세심한 관리가 필요하다.

오전 10시가 넘으면 한낮에는 직사광선을 쬐지 않도록 50퍼센트 이상의 차광막이나 블라인드, 대발 등을 이용해 빛을 가려 준다. 물은 화장토가 하얗게 말랐을 때 이른 아침이나 저녁에 준다. 비료는 6월까지만 주고 7월부터는 더위에 약해진 난을 위해 중단한다. 고온 다습하고 온도가 높은 계절이라 최대한 통풍을 시켜 준다.

장마가 끝나는 7월 하순부터는 평소 물을 주는 횟수에서 2～3회 줄여 춘란의 화아분화(花芽分化, 꽃을 만드는 일)를 돕는다. 휴가철에는 집을 비우기 전날 밤 물을 충분히 주고 일주일쯤 지나서 물을 주면 된다. 습도는 낮추고 오전 중의 햇빛은 충분히 쬐어 주어야 한다. 간단한 엽면 분무는 무방하다. 온도는 가급적 30도를 넘지 않도록 주의하고, 물은 반드시 해가 진 뒤에 흠뻑 준다.

간혹 꽃망울이 일찍 올라오는 것들이 있는데, 이것을 잘라 주어야 새 촉이 건실하게 자랄 뿐 아니라 다음해에 더욱 아름다운 꽃을 볼 수 있다.

가을

9월이 되면 아침, 저녁으로 선선한 기운이 든다. 그러나 한낮의 햇빛은 여름과 마찬가지로 따가우며 온도도 많이 올라가므로 최대한 통풍을 시킨다.

춘란의 꽃망울이 제법 올라오는 것도 이 시기이다. 너무 많이 올라오면 다음해 새 촉을 받는 데 어려움이 생기므로, 포기 수의 1/3 정도만 남기고 솎아 준다. 중단했던 비료는 중순을 지나 아침, 저녁 서늘한 때에 월 1～2회 주며, 휴면기로 접어드는 11월부터는 다시 중단한다.

물은 서늘한 저녁에 준다. 온도가 점차 내려가기 때문에 10월에는 아침에, 11월부터는 따뜻한 오전에 주는 등 기온에 맞추어 물을 주는 시간을 달리한다. 꽃망울을 가진 난에는 조금 적게 주는 것이 좋으며, 온도가 낮아질수록 약간 건조한 듯하게 관리한다. 가을비는 벌브가 살찌는 것을 막고 뿌리를 상하게 하는 원인이 되므로 맞히지 않는다.

추분을 지나면 꽃망울이 있는 난을 제외하고 필요한 분에 한해서 분갈이를 해 준다. 분갈이를 한 난과 꽃망울이 있는 난에는 비료를 주지 않는다.

겨울

겨울철은 생장 활동을 잠시 중단하는 휴면기(休眠期)이다. 이 시기에는 비료를 중단하고 온도도 5～18도 정도, 야간에는 0～5도를 유지한다. 영하로 내려가지 않게 하고 필요 이상으로 온도를 높이지 않는다.

춘란은 휴면을 잘 시키느냐, 못 시키느냐에 따라 다음해의 생장에 영향을 미치므로 소홀히 생각해서는 안 된다. 올해 나

물주기 6월부터는 본격적인 생장기를 맞아 가장 관심을 두어야 하는 것이 물 관리이다. 난실의 환경에 맞춰 화장토가 하얗게 말랐을 때, 이른 아침이나 저녁에 물을 준다.

온 새 촉이 거의 성숙되고 꽃망울이 튼튼히 자라는 때이므로 가급적 많은 햇빛을 쬐어 준다. 오전에는 직사광선을 충분히 쬐어 주지만 한낮에는 피한다.

물은 반드시 맑게 갠 날 오전중에 화장토가 완전히 마르기를 기다려 준다. 물을 줄 때는 꽃망울에 닿지 않도록 주의한다.

휴면기라도 통풍은 중요하므로, 날이 개면 창문을 열어 환기를 시켜야 한다. 그러나 날이 차가워지면 지나친 통풍은 삼가는 것이 좋다. 겨울철이라고 유별나게 관리할 필요는 없지만, 찬바람이 직접 닿지 않는 곳에서 관리하는 것이 중요하다.

동양란을 선물할 경우

선물용으로 많이 나가는 난은 예상 가격으로 선별할 수 있겠지만, 동양란의 경우 잎이 크고 풍성한 맛이 나는 보세 계통이나 소심류가 주종을 이룬다.

우선 꽃이 핀 것을 선택하고, 개화기가 아닌 것을 구입할 때는 주로 혜란류를 권한다. 사무실용으로는 금화산, 대만보세, 건란, 옥화란, 소심류가 많이 이용되는데 사무실의 탁한 공기 속에서도 환경에 대한 적응력이 강하기 때문으로 분석된다. 난을 재배하고 있는 분이라면 송매, 대부귀, 설월화 등이 좋고 대만 한란이나 비아란, 사란 등도 개화기에 맞추어 선물할 만하다.

선물용으로 구입할 때는 초보자라도 기르기 쉬운 품종을 선택하고, 병충해에 강하며 꽃이 잘 피는 종류가 좋다. 또한 전체적으로 짜임새가 있고 건강한 느낌이 있는 큰 포기를 고르는 것이 바람직하다. 또한 잎에 윤기가 좋고 폭이 넓으며 벌브가 굵은 것이 세력이 강하다고 볼 수 있다. 잎이 탔거나 잎 끝이 말라 있는 것, 눈으로 보아 약한 느낌이 드는 것은 피한다.

한국 춘란 발색의 완성

자생지와는 달리 난실에서 배양하고 있는 꽃망울의 경우 춘분인 2월 중순을 전후하여 꽃대가 움직이고 개화 준비를 시작한다. 날씨가 풀리면서 자연적인 온도 상승과 함께 전시회를 맞추기 위한 인위적인 가온으로 개화 시기를 조절하는 것이다. 지금까지 품종이나 발색의 유형에 따라 화통이나 수태 등 다양한 방법으로 차광 관리를 하였고, 겨울 휴면기에는 충분한 저온 처리로 개화를 준비하며 휴면환경을 조성하였을 것이다. 그리고 개화를 앞둔 2월의 난 관리는 이러한 노력의 연장선상에서 이루어지고 결실을 맺어간다.

기본적인 개화 조건의 충족

개화를 준비하는 단계에서 가장 중요한 것은 역시 온도 관리이다. 충분한 저온 상태에서 겨울 휴면기를 보낸 건강한 난이라도 갑작스럽게 온도를 올리거나 일교차가 너무 커진다면 정상적인 개화에 무리가 따른다. 즉 꽃대가 지나치게 짧은 상태에서 개화를 하거나 도장(徒長)하여 힘이 없이 길고 연약해 보이는 등 전체적인 관상미가 떨어지게 되는 것이다.

2월 중순이면 낮 동안의 난실 내 온도는 상승하여 꽃대가 움직이지만 여전히 밤 기온은 영하로 떨어지게 된다. 이렇게 일교차가 크다는 것은 정상적인 개화를 위한 꽃대의 성장이나 휴면 타파에는 불리한 조건이 된다. 그러므로 낮 동안은 환기를 시키면서 지나친 온도의 상승을 막고 밤에는 보온에 신경을 써서 가급적 일교차를 줄이며 서서히 온도를 높이는 것이 좋다.

가령 지나치게 높은 온도에서 개화시킨 꽃을 보면 꽃색〔花色〕이 흐릴 뿐 아니라 꽃 모양도 썩 마음에 들지 않는다. 이는 온도 상승에 따른 호흡 작용으로 영양이 지나치게 소모되기 때문이며, 영양이 소모되면 꽃 모양이 나빠지고 색화의 경우 색소가 탈색되면서 정상적인 발색이 이루어지지 않게 된다. 그러므로 원만한 호흡 작용이 이루어지도록 일정 기간에 걸친 점진적인 온도 상승이 필요하며, 활력제로 일정한 영양을 공급해 주는 것도 정상적인 개화를 돕는 한 방법이 된다.

아파트의 베란다 난실이나 일반 난실에서 가온을 하는 경우 온도 관리와 함께 습도에도 신경을 써야 한다. 화장토가 쉽게 마른다고 물을 자주 주다 보면 꽃대가 상하게 되는데 물을 준 후에는 반드시 통풍을 시켜 꽃망울이 상하지 않도록 한다. 그리고 화통을 벗겨 꽃망울의 상태를 확인하면서 개화시 화통에 의해 화형이 흐트러지지 않도록 해야 한다.

흔히 발색에 관해 이야기를 하다 보면 특별한 관리를 하지 않아도 알아서 잘 피운다는 이야기를 듣게 된다. 이렇게 개체의 특성상 발색이 잘 되는 품종이 있는가 하면 차광이나 채광에 따라 꽃색에 큰 차이를 보이는 품종이 있다. 그러므로 품종의 특성을 파악한 후 비료나 빛, 온도 관리 등 발색의 유형에 따른 차별화된 관리가 필요하다.

품종의 특성에 따른 발색 방법

특히 적화계의 경우 엽록소가 많으면 꽃색이 탁하고 발색이 불안정하므로 꽃봉오리가 올라올 때부터 차광하고 2월 중순쯤에 화통을 벗기는 것이 기본적인 방법이다. 다만 후발색 적화의 경우 색소구성 요소 중 일조가 있어야 발색이 되는 품종이 있으므로 1월 중순쯤에 일찍 화통을 벗겨 오전 햇빛을 쬐면서 발색시키는 경우도 많다.

주금화는 적화보다는 발색에 빛을 적게 필요로 하므로 가급적 꽃대가 움직이기 전까지는 차광을 한다. 이렇게 관리한 후 꽃대가 움직이기 시작하면 화통을 벗겨주는데 가급적 반그늘 상태에서 관리하며 천천히 개화시키는 것이 꽃색 발현에 도움이 된다. 그리고 화통을 벗긴 후 갑자기 강한 햇빛을 쪼이면 꽃색이 약해지므로 주의하여야 한다.

물론 개체의 특성에 따라 차이가 있지만 선천성보다는 후천성에서 좋은 꽃색을 얻을 수 있는 주금화는 그만큼 차광과 꽃대가 움직이기 시작하는 2월의 채광에 의한 발색에 세심한 정성을 쏟아야 한다. 황화는 등황소(橙黃素: 카로티노이드계)가 꽃색 발현의 주역으로 극단적인 환경에 의해 엽록소가 형성되지 못했거나 파괴되어 혼란을 초래하는 경우가 많다.

이는 본성의 황화와는 구별되는 것으로 본성의 황화가 되기 위해서는 유전적으로 엽록소 형성이 미약하거나 억제되는 것에 한정된다. 그러므로 황화의 발색은 화판에 녹이 남거나 꽃색이 탁해지는 것을 방지하는 데 있다고 하겠다. 자화는 어떻게 하면 꽃망울 상태로 꽃색을 고정시키는가 하는 것이 발색의 요점이라고 할 수 있다.

약간 건조한 듯하면서 햇빛이 없이는 발색이 불가능하므로 화통보다는 수태로 관리하는 것이 좋다.

소심이나 산반화, 호화(縞花) 등의 무늬화는 녹과의 뚜렷한 경계를 이루는 선명한 무늬가 생명으로 개화시에 채광을 하지 않고 온도만 상승시킨다면 꽃잎이 늘어지거나 연약한 느낌을 주므로 충분한 채광으로 관리한다.

난잎이 타는 원인

사계절 푸른 잎 자태를 갖추어 예로부터 사군자라 지칭되는 만큼 난을 기를 때는 싱싱하고 청초한, 선이 고운 잎을 기대하게 된다. 문제는 후육질이고 광엽의 농록색 잎장이 생각만큼 잘 가꿔지지 않는다는 데 있다. 초보자의 경우 '물도 잘 주는데 왜 자꾸 잎 끝이 타들어가는지' 답답하기만 하다. 배양 중인 난잎이 타는 데는 몇 가지 원인이 있게 마련이다. 원인을 점검하고 대책을 살펴본다.

배양장은 자생지 환경에 가장 가깝게

가장 첫번째로 점검해 볼 사항은 배양 환경이다.

난이 자연적으로 생장하는 자생지 환경을 살펴보자. 춘란 자생지는 대부분 높은 곳보다는 해발 300미터 이내의 낮은 곳으로, 물이 잘 빠지고 낙엽수나 상록수 또는 이들이 혼생하거나 잡초가 무성하게 자라는 곳이다. 방향은 동향과 남향, 동남향에 많이 군생(群生)을 하고, 서북향이나 급경사지는 군생 상태나 큰 포기들이 눈에 잘 띄지 않는다. 뿌리가 뻗어가는 토양 환경도 중요한 요건인데, 자생지 토양의 일반적인 특성은 입자가 굵은 자갈 땅으로 오랜시간 쌓인 낙엽이 부숙되어 충분한 영양공급이 이루어진다.

햇빛은 식물의 생장이 왕성한 시기인 5월부터 낙엽이 질 때까지는 주변의 잎이 무성한 나무와 키가 큰 잡초들이 자연적인 차광을 해 준다. 그리고 가을부터 서서히 떨어지는 낙엽과 겨울철 바싹 마른 풀들이 이듬해 새싹이 틀 때까지 충분한 햇빛을 받게 한다. 한여름이라도 나뭇잎이 직사광선을 1차적으로 차광하고, 무성한 풀들이 습도를 조성하여 난의 생장에 도움을 주게 된다. 이러한 자생지의 환경은 한여름의 연부병이나 겨울철 동해(凍害)의 우려를 없애 주고 건실한 상태로 지켜 준다.

난실도 자생지와 유사한 조건이어야 한다. '난은 바람이 기른다'는 말처럼 적극적인 통풍과 빛 관리, 적절한 영양분의 공급이 이루어져야 건실한 생장의 기쁨을 맛볼 수 있다.

일반적인 배양형태인 아파트 베란다 난실의 경우 공중 습도를 충분히 유지시키고, 통풍과 햇빛을 위해 창가 쪽에 난대를 설치한 경우가 많다. 유리한 점이 있긴 하지만 급격한 온도 변화나 직사광선 등을 쬐어 식물 체온의 불균형을 초래할 수 있다. 따라서 창가에 바짝 붙여 놓은 난대는 통풍과 완충공간 확보를 위해 30~50센티미터 거리를 두고 설치하는 것도 한 방법이다.

원인 하나, 빛에 의한 엽온(葉溫)의 불균형

사람의 경우도 직사광선에 오랫동안 노출되어 있으면 화상(火傷)을 입게 된다. 식물도 마찬가지로, 특히 반음지식물인 난의 경우 음지나 반음지 상태에서 재배하다가 갑자기 강한 햇볕을 쬐면 잎이 타게 된다.

처음부터 강한 햇빛 아래서 배양되면 잎이 쉽게 타지 않는데 이유는 난잎에 있는 큐티큘라(cuticular) 층 때문이다. 큐티큘라 층은 강한 햇빛을 차단하여 잎을 보호하는 역할을 하는데, 빛의 강약에 의해 생성 정도가 달라진다. 차광이 잘 된 장소에서 배양된 난은 큐티큘라 층을 덜 발달시켜도 생장에 지장이 없으므로 양지의 식물에 비

해 잎이 얇아 외부의 변화에 쉽게 영향을 받는다. 따라서 오전 햇빛을 충분히 쬐어 주고 최적보다 조금 강한 광선 하에서 배양시켜 큐티큘라 층을 발달시킨다.

잎이 타게 되면 부분적으로 조직이 파괴되고 원상태로 회복이 불가능하므로 관리에 주의를 요한다.

원인 둘, 통풍이 불량하다

잎 끝이 타는 또 다른 원인은 통풍이 불량한 상태에서 배양되기 때문이다. 통풍이라 하면 난실 통풍과 뿌리 환경을 지배하는 분 내 통풍을 들 수 있다. 잎 끝이 타는 원인은 분 내 통풍 불량과 밀접한 관련이 있다.

식물체의 생장에 가장 중요한 역할이 바로 뿌리이다. 뿌리는 땅속으로 뻗어 식물을 지탱해 주고 흙 속의 물과 양분을 흡수하여 잎에 공급함으로써 탄소동화작용을 할 수 있게 한다. 굵고 실한 뿌리를 얻어야 잎도 잘 자라고 꽃도 잘 피울 수 있다. 참고로 난의 뿌리에는 벨라민층이 있고 그 안에 중심주가 있어 일반 식물에 비해 뿌리가 굵다. 벨라민층이란 표피세포로부터 발달된 특수 조직으로, 그 표면에 닿은 물을 급속도로 빨아들여 저장하므로 저수조직(貯水組織)이라 불리기도 한다.

물을 보유하는 역할을 하는 뿌리지만 생장을 위해서는 산소호흡을 해야 한다. 분 내가 너무 과습하게 되면 호흡에 곤란을 느껴 난뿌리가 분 벽에 달라 붙거나 난분

배수구 밖으로 나오는 것을 볼 수 있는데 이는 최소한의 산소를 얻기 위한 습성 때문이다. 특히 앞서 설명한 벨라민층이 두터운 까닭에 산소 공급이 쉽지 않은 점을 감안한다면, 배양토를 일반 흙으로 사용하지 않고 입자가 큰 난석(蘭石)을 사용하는 이유를 이해할 수 있다.

배양토는 통기성이 우선이다. 난석을 채울 때 분 밑쪽에 대립을 사용하는 것은 관수 후 고일 수 있는 물을 빨리 배출시키고 공기 중의 산소 공급을 수월하게 하는 이유에서다.

난은 뿌리에서 흡수된 물이 벨라민층에 저장되고 일부는 벌브에 저장되어 잎에 수분을 공급하게 된다. 뿌리의 기능이 약화되어 흡수력이 떨어지면 저장되는 수분도 적어지고 결과적으로 잎은 생기를 잃고 말라버리게 되는 것이다. 따라서 관수 후에 습기가 빨리 마르고 산소가 보다 많이 공급되기 위해서는 난대에 여유있게 난을 걸어 분 사이 사이로 바람을 통하게 하고, 나쁜 공기나 불순물이 남지 않도록 2~3년마다 반드시 분갈이를 해 준다. 배양 중 잎 끝이 누렇게 변하면서 타면 여름철이라도 반드시 분을 털어 뿌리를 점검하고 신선한 환경을 공급해 준다.

원인 셋, 지나친 과습도 피해야

잎이 타면 물이 부족한 것이 아닌가 하는 생각이 들게 마련이다. 물이 부족해도 건실한 생장이 어렵겠지만, 더욱 중요한 요소는 과습에 있다. 앞서 살펴보았듯이 난은 특수한 뿌리 구조 때문에 산소호흡을 위해 건조한 환경을 선호한다.

관수를 할 때는 화장토가 하얗게 마르는 듯한 기운이 돌 때 주는 것이 안전하다. 관수 시기는 공식이 없으며 자신의 환경에 따라 물주기가 결정된다. 또한 물관리를 용이하게 하기 위해서는 분의 종류나 크기를 일정하게 하는 것이 효과적이다.

관리를 하다 보면 아직 물주기는 멀었는데 잎이 거칠고 건조하게 여겨질 때가 있다. 이럴 때는 분무기로 엽면 분무를 해 주면 고온인 엽온을 내리면서 부족한 습도를 공급해 줄 수 있다.

원인 넷, 비료의 과다도 잎을 태운다

자생지와는 다른 환경 중의 하나가 토양이다. 자생지는 두툼한 부엽층에서 꾸준히 양분이 공급되지만 난석은 무기물질로 어떤 성분도 들어 있지 않다. 봄과 가을의 비료 사용에 있어 농도가 진하거나 비료 성분이 식재에 남아 있으면 뿌리에 좋지 않은 영향을 미치므로 주의한다.

일반적으로 권장하는 희석 배율을 반드시 지키고 30도가 넘는 고온시에는 시비(施肥)를 금한다. 세력이 약하거나 환경이 여의치 않을 때는 엽면 시비로 영양분을 공급한다.

기타, 동해(凍害) 등의 이유

그밖에 겨울철 동해를 입어 피해가 오는 경우가 있다. 동해의 피해는 정도가 심하면 피해 당시에 나타나기도 하지만 2~3년 후에 서서히 영향이 나타나기도 한다.

한란의 꽃망울 8월 중순경부터 꽃눈이 보이기 시작한다. 난의 세력을 고려하여 꽃눈을 정리하는 작업이 필요하다.

두며 물을 줄 때 꽃잎에 닿지 않도록 한다.

꽃의 수명은 보통 15~20일 정도지만, 관리만 잘 하면 30~40일까지 볼 수 있다. 그러나 개화한 지 10일 정도 지나면 꽃대를 자르는 것이 영양분의 소모를 줄이는 방법이다.

기온이 높은 상태(30도 정도)에서는 꽃 모양이 비정상적으로 되기 쉽고, 색도 특성이 잘 나타나지 않으므로 저녁에는 차갑게 하는 것이 좋다.

혜란

혜란은 잎이 넓은 광엽혜란(대엽혜란)과 잎이 가는 세엽혜란으로 나눈다. 혜란은 꽃대 하나에 세 송이 이상 꽃이 피지만, 잎이 아름다운 엽예품 종류가 많다. 혜란은 잎이 넓기 때문에 증산 작용이 활발하다. 그러므로 적절한 습도 관리가 필요하고, 햇빛 또한 너무 강하면 누렇게 되거나 타버린다.

최근 우리나라의 주거 환경이 아파트로 바뀌면서 베란다를 이용하여 난을 기르는 것을 많이 볼 수 있다. 식물은 아침 햇빛을 좋아하기 때문에 동향이나 동남향의 베란다라면 난실 조건으로 더욱 적합하다. 혜란 역시 동양란이므로 춘란과 같은 방법으로 재배해도 좋으나 다음에 유의해야 한다.

빛 관리

혜란은 잎이 넓기 때문에 약간 어두워도 충분히 동화작용을 할 수 있다. 오전중 두 시간 정도 직사광선이 들면 최상의 환경이며, 그 뒤에는 약간 어둡게 해 준다. 광선이 너무 강하면 잎이 누렇게 바래서 잎을 관상하는 혜란으로는 볼품이 없다. 다만 건란이나 옥화란 등 세엽혜란은 보세란 등과 같은 광엽혜란보다 빛을 약간 강하게 하는 것이 좋다.

차광막을 가을에는 한 겹, 여름에는 두 겹을 친다. 그런데 차광막을 치게 되면 바깥 공기와의 통풍이 원활하지 않으므로 환풍기를 달아 주는 등 세심한 정성이 필요하다.

온도와 습도

혜란이 생장하는 적정 기온은 오전 20도, 오후 28도 정도로 주 · 야간의 기온차가 10～15도가 좋다. 온도가 낮으면 생장력이 약해져서 10도 이하로는 생장을 중지하며 또 30도 이상의 고온은 생장 장애를 받는다.

겨울에는 7～8도 이하로 내려가지 않도록 하며 특히 영하로 내려가면 난이 동해를 입게 되므로 주의해야 한다. 겨울에는 난을 휴면시켜야 하며 12월에

1 세엽혜란 봉(鳳)
2 광엽혜란 학지화(鶴之華)

2

서 다음해 1월까지는 온도가 13도 이상으로 오르지 않도록 하고 창문을 비닐로 가려서 차가운 바람이 들어오지 않게 한다. 충분한 휴면이 이루어지지 않으면 여름철에 여러 가지 병에 걸릴 수 있다. 다만 겨울에 베란다 창문을 닫아 놓으면 온도가 20도 정도까지 오를 수 있으며 10도 이상 올라가면 난이 생장 활동을 하는 데 좋지 않으므로 통풍을 시킨다. 외부 기온이 높아지는 4월 중순 이후에 비닐을 걷어 준다. 여름에는 햇빛을 가리고 선풍기를 돌려서 통풍을 원활하게 해주어야 한다. 특히 밤 기온이 25도 이상인 열대야(熱帶夜)에서는 난실 바닥에 수돗물을 틀어 주는 등 기온을 내리는 노력이 필요하다.

물주기

혜란은 춘란보다 습도를 좋아하므로 물을 넉넉히 주는 것이 좋다. 항상 70～90퍼센트의 습도를 유지하도록 바닥에 물을 뿌리거나 인조 잔디를 깔아 준다. 최근에는 소형 가습기가 시판되고 있는데 야간에 가동시키는 것이 좋다. 낮에 가습하면 병에 걸리기 쉽다.

비료주기

혜란은 비료를 물에 약하게 희석하여 자주 주든지 고형 비료를 분 위에 올려 놓아 충분히 영양을 공급한다.

병충해 관리

혜란은 높은 온도와 습도를 유지해야 하므로 다른 난보다 병균이 발생할 가능성이 많다. 따라서 벤레이트, 다이센 M45, 톱신 M, 아그레마이신 등의 약제를 봄 · 가을에는 한 달에 한 번, 6～9월에는 한 달에 2～3번 주어 발병을 예방한다.

새해를 알리는 보세란

충해로는 깍지벌레가 비교적 많이 붙는데 스프라사이드를 1,000배로 희석하여 일주일 간격으로 두 번 주면 간단하게 퇴치할 수 있다. 혜란을 수태로 배양할 경우 민달팽이의 피해가 많다. 민달팽이는 밤에 나오기 때문에, 오이를 잘라 맥주 등에 섞어서 유인하여 밤중에 잡거나, 나메킬 등 약제를 뿌려 놓으면 좋다.

풍란의 꽃눈(5월)

풍란 · 나도풍란

남해나 제주의 해안 절벽에 착생하여 뿌리를 다 내놓고 비와 습기만을 먹고 자라는 강인한 난과 식물로, 잎이 작은 풍란과 잎이 넓은 나도풍란이 있다. 풍란은 반음지성 식물이지만 한란이나 춘란, 소심란류보다는 밝은 광선 아래서 잘 자란다. 특히 오전중의 직사광선은 좋지만 오후 햇빛은 발 한 장 정도를 쳐서 막아 주어야 한다. 배양의 최적 온도는 보통 23~25도이며, 30도 이상이나 10도 이하면 생장에 지장을 준다.

풍란은 동양란이지만 다른 동양란과는 여러모로 그 특징이 다르므로 계절별 유의 사항을 알아 두어야 한다.

봄

풍란이 겨울잠에서 깨어나는 것은 3월 춘분을 전후한 시기이다. 이때의 풍란은 주름이 깊고 싱싱한 빛이 없으며 잎과 뿌리에 수분이 적어 아주 연약한 모습이다. 그러나 봄기운이 일면 더불어 싱싱함을 되찾기 시작한다. 어두운 난실에서 겨울을 난 풍란이라면 이른봄 서서히 햇빛에 적응시켜야 한다. 갑자기 햇빛을 쬐면 무척 부대끼게 되므로 천천히 일조량을 늘려 가는 것이 바람직하다. 일반적으로 풍란은 증식이 그다지 좋지 않은 편이다. 잎 밑의 생장점에서 새싹을 분화시키려면 초봄의 채광 관리에 각별히 힘써야 한다.

초가을에 발아한 새싹은 겨울에 성장을 멈추고 있다가 이듬해 봄이 되면 발육을 시작한다. 그런데 초여름부터 불그스레하던 새 촉이 흑갈색으로 변하면서 시들어 버리는 일이 종종 있다. 이는 어미 포기의 생장이 왕성해져서 새싹으로 보내는 영양 공급이 어려워지기 때문이다. 그러므로 어미 포기의 생장이 시작되기 전에 새싹을 튼튼히 가꾸어 놓아야 한다. 초봄에 직사광선을 충분히 받아야만 새 촉이 잘 자란다.

보통 풍란의 발육은 겉으로 보기에 4월 중순부터 시작되지만 이에 앞서 입춘경부터 내면적인 발육이 시작된다. 따라서 이때부터 물 주는 것을 늘려가면서 통풍과 채광에 힘쓰면 어미 포기의 생장이 시작되기 전에 새 촉이 나와 새싹에서 본 잎이 얼굴을 내밀게 된다.

풍란이 좋아하는 습도는 70～80퍼센트인데 봄철 건조기인 한 달 가량은 습도를 50퍼센트 정도로 낮추어 주는 것이 좋다. 난실의 천장에 매달아 놓으면 공기의 흐름으로 인해 통풍이 양호해지고 습도도 어느 정도 내려간다.

3～4월에는 낮과 밤의 기온차가 4도 이하로 내려가지 않게 하고 통풍을 시킬 때도 찬바람이 직접 닿지 않도록 주의한다. 3월 하순부터 4월 초순까지는 풍란 분갈이에 적합한 시기이다. 분갈이는 보통 2년에 한 번씩 하는데 직사광선이나 찬바람을 피해 실내에서 한다. 옮겨 심는 풍란은 일주일 동안 강한 햇빛을 피하

풍란 잎이 작아서 소엽풍란이라고 하나 그냥 풍란으로도 부른다.

나도풍란 잎이 넓은 품종으로 꽃은 잡색이나 티가 없는 소심이다.

고 적응시켜 나가도록 하며, 물은 4~5일에 한 번씩 발이 가는 물뿌리개를 사용하여 맑은 날 오전에 준다.

여름

싱싱한 뿌리가 뻗어나는 늦은 봄부터 초여름은 풍란의 활발한 생장기이다. 이때는 뿌리가 뻗고 꽃이 피며 번식하는 데 중요한 시기이다. 5월 초순부터는 실외에서 배양해도 무방한데 햇빛이 잘 들고 통풍이 좋은 장소면 된다. 오전 햇빛은 충분히 쬐어 주고 공중 습도도 70~80퍼센트를 유지하여 성장을 돕도록 한다. 특히 나무등걸이나 돌에 붙인 것은 하루에도 수시로 분무를 해 주는 것이 좋다. 그러나 수태에 심은 것은 뿌리가 과습해질 우려가 있으므로 마른 다음에 주는 것이 기본이다.

6월에 접어들면 꽃대가 10여 일 이상 늦어지는 것도 있지만 대부분 6월 초순에 4～10송이의 꽃을 피워 달콤한 향기를 뿜는다. 충분히 감상한 뒤 꽃이 질 무렵 꽃대 아래 부분을 잘라 준다.

풍란은 고온 다습하면서 통풍이 안 되면 잎과 뿌리가 노화되므로 장마철 통풍에 유의하여야 한다. 장마철이 다가오면 계속해서 내리는 비로 습도가 높아지고 바람이 잘 불지 않아 통풍이 불량해지므로, 통풍이 잘 되게 한다. 또한 이때는 비를 맞히지 말고 물도 최소한으로 줄이며 비료도 주지 않는다. 또한 잎이나 뿌리가 부드러워져 있으므로 병충해에 유의하며, 특히 민달팽이의 피해가 심하므로 집중적으로 방제한다. 장마 후 날이 개고 강한 햇빛이 비치는 일이 흔히 있으므로 직사광선에 닿지 않게 주의하고, 물은 해가 진 뒤에 준다.

가을

한여름의 무더위가 지나고 9월로 접어들면 가을 새싹이 돋기 시작하고 뿌리도 다시 뻗는다. 겨울을 나기 위한 양분을 축적하는 시기이므로 햇빛을 충분히 쬐어 주고 비료를 주어 내면적으로 충실해지도록 돕는다. 비료를 주면서 여름철 정도로 차광을 하면 충분한 동화 작용이 일어나지 않고 산성화를 촉진시키므로 오히려 식물체를 약하게 만든다. 그러므로 오전 9시까지 햇빛을 충분히 받게 하고 이후로는 발 등을 이용하여 60퍼센트 정도 차광한다. 10월이 되면 오전 10시까지 직사광선을 쬐어도 피해가 없이 길들여진다.

풍란의 2차 성장기인 9～10월경은 겨울을 나기 위한 양분 축적의 시기이다. 그러므로 이때의 햇빛은 다른 시기보다 훨씬 큰 역할을 한다. 풍란은 묵은 벌브가 없으므로 가을철 동화 작용을 활발히 해야 잎과 뿌리에 영양분을 저장하여 겨울을 날 수 있다.

물을 주는 것은 늦은 가을부터 서서히 줄이고 마른 상태를 보아 맑은 날 오전중에 준다. 잎 끝이 노랗게 되어 떨어질 무렵이면 서서히 월동 준비를 하고 야간에는 바깥 공기를 쐬지 않도록 주의한다.

달콤한 향을 뿜어내는 풍란의 꽃(6월)과 뿌리.

가을 재배 풍란은 가을에 뿌리를 다시 뻗고 겨울을 나기 위하여 양분을 축적한다.

겨울

겨울이 되면 풍란 역시 겨울잠을 잔다. 영하로 내려가면 뿌리가 약해지므로 최저 3도 이상을 유지하고 거친 바람을 막아 준다. 오전 햇빛을 받게 하는 것이 봄철 새싹을 내는 데 도움이 된다. 물은 일주일에 한 번 정도 따뜻한 오전 중에 가볍게 분무해 주는 것이 좋다.

풍란은 겨울에 10도 이상으로 온도를 높여 주면 어미촉이 성장을 하므로 풍란의 내면적 발육이 어렵고 봄의 발근(發根) 상태도 불량하며 잎이 약화된다. 또한 잎의 중앙선은 겨울잠의 흔적인데 계속 온도를 높여 주면 중앙에 살이 찌게 되어 섬세함이 사라지고 관상가치가 떨어진다. 심하면 잎이 그대로 떨어져 버리는 경우도 있으니 주의해야 한다.

겨울 재배 겨울이 되면 풍란 역시 겨울잠을 잔다. 오전 햇빛을 쬐어 주고 물은 일주일에 한 번 정도 준다.

1 석곡 화예품 '촉홍금(蜀紅金)'
2 석곡 화예품 '자금성(紫金城)'

석곡

석곡은 촉 수가 잘 늘고 건강하며 섭씨 0도 정도의 낮은 온도에서도 견딜 수 있다. 그러므로 세밀한 관리를 하지 않아도 잘 자라서 해마다 아름다운 꽃을 피운다. 그러나 너무 강한 햇빛과 강한 비는 피해야 하며 과습한 상태가 되지 않도록 유의하여야 한다.

석곡은 새로운 뿌리가 나오기 전에 춘분이나 추분쯤 포기를 나누어 심는 것이 좋다. 착생란이므로 헤고나 석부작을 해도 되고, 일반 화분이나 난석에 심어도 되지만 수태로 심는 것이 가장 좋다. 일본에서는 무늬나 꽃이 특이한 품종을 원예화해서 장생란(長生蘭)이라 부른다. 풍란에서 특이한 품종인 원예품종을 부귀란이라 하는 것과 같다.

석곡도 통풍이 좋은 곳에서 잘 자란다. 최근 우리나라에서는 아파트에 사는 인구가 늘어남에 따라 석곡 기르기가 안성맞춤이다. 석곡은 일반적인 춘란이나 한란, 하란, 풍란보다 통풍이 덜해도 되고 햇빛을 강하게 주어도 되며 번식력도 왕성하고 1년 안에 어미촉이 되므로 난 애호가들로서는 마음 편하게 즐길 수 있다.

석곡은 빠른 것은 4월경에 새 촉이 나온다. 지난해에 햇빛을 강하게 주어 키운 것은 1, 2촉 정도 나올 수 있다. 분 속의 통풍이 원활하지 않을 때는 벌브 아래쪽에서 나와야 할 새 촉이 줄기 위쪽에서 나오기 쉬우므로〔高芽〕 분이 항상 젖은 상태가 되지 않도록 주의해야 한다. 새 촉은 햇빛 방향으로 구부러지려는 성질이 강하고 신장 속도가 빠르므로 몇일 만에 한 번씩 분을 돌려 주는 것이 좋다. 생장할 때 강하게 햇빛을 주면 진하고 깨끗한 무늬를 보인다. 꽃은 빠르면 2～3월, 보통은 5～6월에 피는데 달콤한 향기가 있다.

봄은 생장이 활발하므로 심을 때 넣어 둔 마캄프K 이외에, 하이포넥스나 유박을 물에 희석한 액체 비료를 주면 좋으나 질소질이 과하지 않게 한다. 8월까지 1차로 다 자라며 여름 동안에 벌브가 굵어지기 시작한다. 통풍만 적당히 해 주고 차광막 한 장 정도만 있으면 여름을 지낼 수 있다. 9월이 되면 2차로 생장하며 영양 상태가 좋은 것은 2차로 새 촉을 낸다.

10월에는 화아분화를 한다. 석곡은 물주기만 주의하면 난 가운데 가장 관리가 편하다. 물은 분이나 수태가 바짝 말랐을 때 흠뻑 주어야 한다. 석곡은 눈에 보일 정도로 빨리 자라고 번식도 잘 되므로 기르는 즐거움도 크다. 겨울에는 얼지 않을 정도로만 관리하되 물은 적게 준다.

석곡은 난 가운데 병에 잘 걸리지 않는 편이다. 새 촉이 자라는 봄에 진드기와 민달팽이를 주의하는 정도면 된다.

석곡 엽예품 중투호

석부작, 목부작 만들기

풍란은 나무줄기나 바위 등에 착생하여 살기 때문에 이를 응용하여 다양하게 연출할 수 있다. 헤고나 수목 껍질, 수태 및 암석에 부착하여 즐길 수 있으며, 작품화하여 예술적 가치를 부여할 수도 있다.

재배가 쉬운 풍란을 나무에 부착시킨 것을 목부작, 암석에 부착시킨 것을 석부작이라 하며, 이들은 난을 기르는 또 다른 즐거움을 준다.

재료와 시기

가급적 자연 연출에 가까운 재료를 사용하면 좋은데, 굴곡이 많고 표면이 매끄럽지 않은 자연석이나 기와, 비자나무, 주목, 굴참나무, 감나무 등 코르크층이 두껍고 잘 썩지 않는 종류의 나무를 이용하면 좋다. 오래되어 껍질은 썩고 탄탄한 결만 남은 나무는 더욱 멋이 있다. 밋밋한 것보다는 한쪽에 풍란을 앉힐 수 있는 것이 더욱 운치가 있다.

석부작과 목부작의 성공 여부는 붙이는 시기에 달려 있다. 풍란에 따라 약간의 차이는 있으나 뿌리가 움직이는 4～6월까지가 적합하다. 풍란이 스스로 뿌리를 내리게 되면 겨울을 무사히 넘길 수 있으나, 그렇지 않으면 싱싱해 보이던 잎이 갑자기 떨어지게 된다. 7월 이후 풍란을 입수하였다면 분에다 재배하는 것이 무난하며, 다음해 새 뿌리가 내릴 때를 기다려 시도하는 것이 좋다.

목부작 만들기

1 목부작을 만드는 데 필요한 재료:풍란, 목각용 순간접착제, 마른 이끼, 산이끼, 가위, 나무젓가락.
2 전체적인 분위기에 어울릴 수 있는 풍란의 부착 지점을 찾는다.
3 목각용 순간접착제를 상한 뿌리의 뒷면에 조금 칠한다.
4 풍란 뿌리를 사방으로 펼쳐 접착제를 칠한 뿌리를 가만히 눌러 밀착시킨다.
5 모양을 가다듬고 뿌리도 정리한다.
6 습도 유지를 위해 뿌리 사이에 마른 이끼를 끼워 넣고, 생동감을 주기 위해 콩짜개덩굴이나 산이끼 등을 함께 붙여 준다. 나무 아래쪽에도 산이끼나 콩짜개덩굴 등을 심어 준다.
7 이끼가 안착되도록 물을 흠뻑 준다.
8 연출이 끝난 작품

1

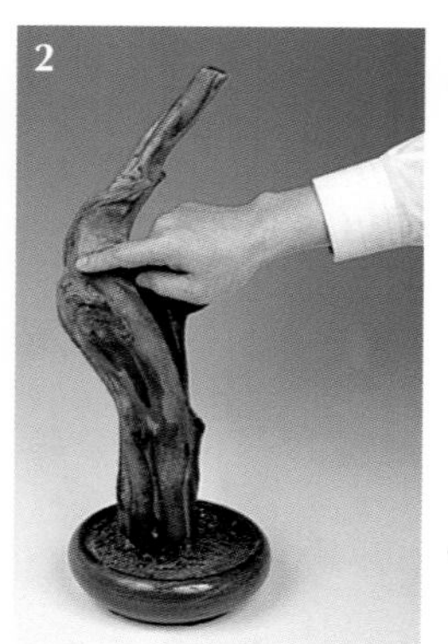

2

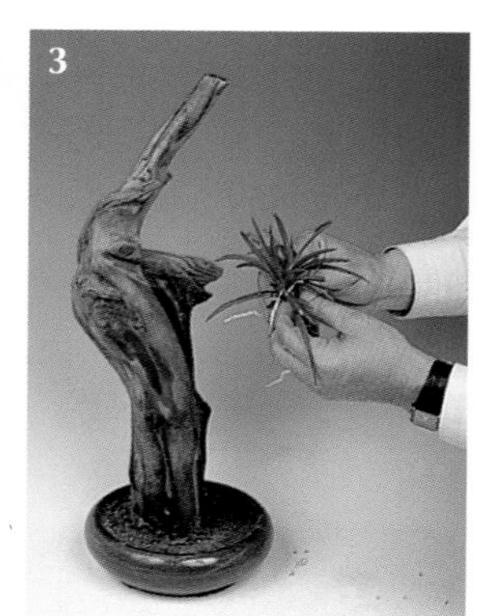

3

4

방법

풍란은 엽성이 좋고 뿌리가 굵은 것을 고르고 장엽(長葉)보다 단엽(短葉)이 좋다. 장엽 풍란은 긴 입석(立石) 또는 암형(岩形)의 돌에 붙이면 무난하다.

먼저 풍란과 이것을 앉히는 데 필요한 도구(칼, 가위, 핀셋, 실, 목각용 접착제 등) 및 운치가 있는 재료를 준비하여 물로 깨끗이 씻는다. 풍란은 썩은 뿌리를 가위로 잘라내고 보기좋게 다듬는다.

모든 것이 준비되면 돌이나 나무등걸 등을 잘 고정시키고, 풍란의 모습을 보면서 작품을 만들 위치에 하나하나 펴 놓는다. 실이나 접착제를 이용하여 부착시키는데, 실로 고정할 때에는 뿌리가 상하지 않게 주의하면서 빠지지 않도록 뿌리를 고정시킨다.

목각용 순간접착제를 사용하는 경우는 뿌리를 놓는 부분에 접착제를 칠하고, 뿌리를 잘 펴서 붙이고 살며시 눌러 준다. 이렇게 형상을 완성하고 난 뒤에 깨끗하게 정리된 이끼를 뿌리 부분에 약간씩 붙여 두고 물뿌리개로 물을 흠뻑 뿌려 준다.

완성된 작품은 완전하게 고정될 때까지 테라리움 박스 등에 넣어 움직이지 않게 하고, 매일 몇 회씩 분무하여 새로 뿌리가 내리도록 돕는다. 빠르면 3개월, 늦으면 1년 내에 새 뿌리가 내리고 어느 정도 고정되면 실을 제거한다. 최근에는 반드시 목각용 순간접착제를 사용한다.

8

5

6

7

화려한 꽃이 아름다운 서양란

)rchid Orchid Orchid Orchid Orch

심비디움 | 덴드로비움 | 카틀레야 | 파피오페딜리움
반다 | 팔레놉시스 | 온시디움

심비디움

심비디움은 배 모양(cymbes)과 형태(eidos)라는 뜻이 결합된 말이다. 히말라야 · 동남아시아 · 뉴기니 · 호주 · 중국에 이르는 넓은 지역에 약 60여 가지 원종이 있으며 우리나라에도 보춘란 · 한란 · 소란 · 죽백란 · 대흥란 등이 있다.

우리나라에 알려진 서양란은 우리나라, 일본, 대만에 자생하는 이른바 동양란 그룹과, 아시아 대륙 남부에 주로 자생하는 그룹으로 크게 나누어진다. 자생지에서는 나무에 착생하며, 보통 분식(盆植)으로 재배되고 있는 심비디움은 동양란과 아시아 대륙계의 교배종이다. 또한 지생종과 착생종이 있는데 일반적으로 벌브를 형성하고 선상(線狀)의 잎이 5~10장 나온다. 꽃대는 벌브의 기부에서 나오며 지생종은 직립해 있고 착생종은 아래로 처진 모양이다.

심비디움의 여러 품종 서양란 가운데 가장 많이 알려져 있는 품종으로 배양도 쉽다. 다른 서양란에 비해 꽃이 탐스럽고 아름다우며 향기가 진한 특징이 있다.

심비디움

꽃은 하나의 꽃대에서 한 송이의 꽃을 피우는 것부터 수십 송이가 피는 것까지 있다. 심비디움은 저온에 잘 견디므로 특별한 보온 설비가 없어도 꽃을 피운다.

기르기

따뜻한 봄이 되면 심비디움은 세포 분열에 들어가는데, 이때부터 빠른 생장이 진행된다. 여름을 보내고 가을을 맞는 심비디움은 몰라볼 정도로 통통해지고 비로소 생장을 정지하게 된다. 1년 가운데 생장이 가장 왕성한 시기는 장마가 걷히기 전후라고 볼 수 있다. 심비디움은 물을 매우 좋아하여 이 기간에 건실하게 자라므로 비료도 집중적으로 주어야 한다.

심비디움은 서양란 가운데 가장 많이 알려져 있는 품종으로 배양도 쉽다. 주로 11월 하순부터 개화기를 맞이하여 화려하게 꽃핀 심비디움을 주변에서 쉽게 찾아볼 수 있으며, 저온에도 잘 견디므로 특별한 보온 설비가 없어도 꽃이 잘 핀다.

봄 – 분갈이의 적기

날씨가 따뜻해지면 새싹이 돋는데 온도를 실온보다 높여서 싹이 빨리 나올 수 있게 한다. 봄철에 싹이 일찍 나오면 한 해 동안 정상적으로 생장할 수 있는 밑거름이 된다.

두는 장소 생장이 잘 될 때는 가능하면 햇빛을 많이 쬐어 주어야 하는데, 햇빛이 너무 강하면 잎이 상하므로 갑자기 밖에 내놓지 말고 창문으로 들어오는 햇빛을 받게 하면서 화분 속이 마르지 않게 물을 준다. 이렇게 서서히 강한 빛에 익숙해지도록 한 다음 햇빛이 부드러울 때만 밖에 내놓는다.

물주기 기온이 조금씩 올라가면서 생장이 활발해지면 많은 양의 물을 필요로 한다. 특히 새싹이 나오기 시작하면 건조하지 않도록 신경을 써서 물주기를 하고, 꽃이 있는 경우에도 평소대로 물을 준다.

비료주기 새싹이 돋고 새 뿌리가 나오기 시작하면 많은 양분을 공급해 주

심비디움

어야 하는데, 평소 주던 양의 절반 정도만 준다. 2,000배 희석한 액체 비료를 한 달에 3회 정도 주면 충분한 양분을 공급할 수 있다.

병충해 이른봄에는 잎 뒷면에 깍지벌레가 발생하기 쉬우므로 뒷면을 잘 관찰해서 만약 발생했을 때는 약을 살포한다.

분갈이 심비디움은 꽃을 잘라낸 후 곧바로 분갈이와 포기나누기를 해 준다. 겨울 동안 온실에서 자란 그루라면 2~3월경에 시작하고, 그 밖의 것은 한 달 정도 늦은 3~4월 정도에 실시한다.

여름 – 최대 생장기

1년 가운데 생장이 가장 왕성한 시기는 장마기 전후라고 할 수 있다. 장마기는 수분을 좋아하는 심비디움의 경우 생장의 적기이므로 이때 그루가 건실하게 자랄 수 있도록 비료도 집중적으로 주어야 한다.

장마가 끝나면 30도를 웃도는 무더위가 시작된다. 사람도 난도 지치는 계절이므로 심비디움의 생장도 더뎌진다. 고온이 지속되면 잎이 타거나 뿌리가 상하므로 30도 이하로 온도를 내려 주는 관리가 필요하다. 더구나 일교차마저 작다면 7월경에 생성되는 꽃눈이 상하는 일이 있으므로, 한낮의 고온이 심하다면 야간 기온이라도 떨어뜨리는 세심함이 필요하다.

두는 장소 심비디움은 5월 하순부터 부쩍 자라기 시작해서 8월 상 · 중순까지 생장이 지속된다. 통풍과 일광을 위해서 밖에 내놓을 때는 그루와 그루 사이를 떼어 놓아 서로 닿지 않게 한다.

물주기 한여름의 태양빛 아래 생장을 하는 심비디움은 순식간에 수분이 증발하기 때문에 많은 물을 필요로 한다. 다른 계절보다 물 주는 횟수가 잦은데 시원하고 통풍이 잘 되는 곳에서 하루에 1～2회 정도 뿌리까지 충분히 스며들도록 흠뻑 물을 준다.

비료주기 5월 상순, 6월 하순, 7월 상순 3회에 걸쳐 유박과 골분 등의 고형 비료를 준다. 특히 1개월에 2～3회 액체 비료를 준다.

가을 – 인산, 칼륨 성분의 비료를 주어야

가을이 되면 그루가 건실해진다. 가을은 이듬해 튼튼하게 봄을 맞기 위한 준비 시기인 만큼 칼륨이나 인산이 많이 함유된 비료를 주는 것이 좋다. 또한 9월경이 되면 꽃눈을 눈으로 확인할 수 있다.

두는 장소 무더위가 서서히 물러가고 기온이 하루가 다르게 서늘해지는 가을은 구근(球根)의 생장이 빨라지고 꽃의 싹이 만들어지는 시기이다. 선선한 가을철이라도 갑자기 기온이 올라갈 우려가 있으므로 한낮에는 빛을 가려 주어야 한다.

물주기 여름철보다는 많이 주지 않아도 되지만 건조해서는 안 된다. 1~2일에 한 번씩 물을 주되 꽃눈에 물이 고이지 않도록 면봉 등으로 닦아낸다.
비료주기 9~10월에는 액체 비료를 월 2회 정도 주어 줄기의 충실을 촉진한다. 이때는 질소 성분보다는 인산과 칼륨 성분이 많은 것을 선택한다.

겨울 – 추위에 강하지만, 최저 5도 이상 유지되도록

영양 상태가 좋아 빠른 것은 12월부터 개화가 시작되어 흔히 겨울을 개화기라고 한다. 물론 꽃이 일찍 피고 안 피는 것은 겨울 관리 즉, 온도를 어느 정도 잘 맞추어 주었는가로 결정되지만, 대체로 낮은 온도에서 기른 것은 개화가 늦고 심하면 꽃이 피지 않는다. 이처럼 겨울의 온도 관리가 매우 중요한데, 적온은 20도 안팎이 되지만, 10~15도 정도로만 유지시켜도 꽃을 보는 데는 지장이 없다.

두는 장소 심비디움은 서양란 가운데 가장 햇빛을 좋아하는 품종의 하나이다. 겨울철 실내에서는 아무래도 햇빛이 부족하기 쉬우므로 창가 등 햇빛이 잘 드는 장소로 옮겨 놓는다. 창가에서도 몇일 간격으로 분을 돌려 주어 햇빛이 분에 골고루 닿을 수 있도록 한다. 심비디움은 추위에도 강한 편이어서 최저 5도 정도로 맞춰 주면 되는데 아파트를 제외한 개인 주택 등에서는 새벽에 3~5도에서 월동시킬 수도 있다.
꽃봉오리나 꽃이 달린 것은 가급적 7~10도 이하로 떨어지지 않게 한다. 단, 히터나 난로 등에 가까이 놓으면 고온과 건조로 인하여 꽃봉오리가 시들거나 떨어지는 현상이 나타나므로 난방기 근처에 두는 것은 피한다.
물주기 꽃이나 꽃봉오리가 맺혀 있는 포기에는 수분이 끊기지 않도록 특히 주의하며 물주기의 기본은 식재가 항상 습한 상태가 되도록 하는 것이다. 심비디움은 습기를 좋아하지만, 필요 이상의 과습은 뿌리를 썩게 하므로 주의한다.
수태에 심어져 있는 분의 경우 손가락으로 눌러 보았을 때 물이 스며나오지 않고 벌브에 주름이 잡혀 있거나 만져 보아 부드러우면 물이 부족한 상태이다. 이때는 물을 주어야 하는데 분 밑으로 물이 흘러내릴 정도로 충분한 양을 준다.

겨울철 통상 습도는 약 30～40퍼센트 정도로 심비디움에게는 극도로 건조한 상태이다. 이때는 하루 2～4회 정도 분 전체에 물을 스프레이 해 주어 습도를 유지시킨다. 심비디움은 가능하면 따뜻하게 그리고 높은 습도에서 관리하고자 하는 노력에 따라서 겨울철 관리의 성패가 좌우된다.

비료주기 비료를 주지 않아도 생장에는 지장이 없다.

꽃 관리 심비디움 꽃은 수명이 길어서 꽃이 시들 때까지 그루에 달려 있는 것이 많다. 그러나 꽃의 생명이 다할 때까지 감상을 할 경우 영양 소모가 많아지기 때문에 다음해의 생장에 지장이 있다. 따라서 꽃은 가능한 한 빨리 잘라 주는 것이 바람직하다. 꽃이 피고 나서 약 2～3주가 지나면 꽃대의 밑부분을 잘라 준다.

덴드로비움

덴드로비움(dendrobium)은 나무(dendron)와 생기다(ios)라는 뜻의 합성어로 나무에 착생하고 있는 난이라는 뜻이다. 품종은 약 1,700종으로 매우 다양하며, 동남아시아와 오스트레일리아 일대에 많이 분포하고 있다. 우리나라에서 자생하는 석곡도 이에 해당한다.

덴드로비움은 노빌계(nobile)와 덴파레계(denphalae), 포미디블계(fomidible)의 3종류가 있다. 노빌계는 노빌이라는 원종을 중심으로 교배되어 나온 것으로 덴파레계와 더불어 우리나라에서 가장 널리 재배되고 있는 잘 알려진 계통이다. 줄기(벌브)는 50～60센티미터 가량의 원통형으로 줄기 하나에 10～20개 정도의 마디가 있고 꽃은 3～7센티미터 가량으로 한 개의 꽃대에 2～4송이씩 달려서 전체 그루에 1～40송이 가량 핀다. 꽃은 보통 겨울에서 이듬해 봄 사이에 핀다.

덴파레계는 꽃 모양이 팔레놉시스와 비슷하다 하여 '덴드로비움 팔레놉시스'를 줄여서 부르는 이름으로 덴드로비움과 팔레놉시스의 교배종은 아니다. 일반적으로 총생(叢生)하는 다육질(多肉質)의 줄기에 혁질(革質)의 잎을 가지고 있으며 줄기의 위쪽 마디에서 꽃대가 나와 꽃을 피운다. 그러나 이 가운데에는 잎이 다육질화되어 특이한 형태를 한 것도 있다.

포미디블계는 원종을 교배하여 만들어진 것으로 줄기와 잎 뒷면에는 검은색의 가는 털이 나 있고 5~6월경에 흰색의 큰 꽃이 위쪽에 모여서 핀다. 꽃의 수명은 하루 만에 피고 지는 것도 있고 3개월 정도 피는 것도 있다.

기르기

빛을 좋아하는 종류가 많으며 노빌계는 특히 10도 정도의 저온 조건이 2주

덴드로비움 노빌계 덴파레계와 더불어 우리나라에서 가장 널리 재배되고 있는 잘 알려진 품종이다.

1 덴드로비움 덴파레계
2 덴드로비움 포미디블계

일 동안 주어지면 화아분화하는 반면, 덴파레 노빌계는 비교적 고온(최저 18～20도)이어야 하며 습도도 60～70퍼센트를 유지해야 한다.

개화 시기는 조생종(早生種, 같은 작물 가운데서 특별히 일찍 자라고 여무는 품종)이 12월부터 시작되고 만생종(晩生種, 같은 작물 가운데서 성장이나 성숙이 보통보다 늦은 품종)은 3～4월까지이다. 약 2주일 동안 꽃을 관상할 수 있다.

가능하면 아침 온도를 6～7도로 유지할 수 있는 온실에서 재배하도록 한다. 그러나 겨울 동안 최저 15도 이상 되는 온실에서는 오히려 고온으로 인하여 꽃이 피지 않는 것도 있으므로, 세심한 온도 관리가 중요하다.

봄 – 병충해 예방에 특히 신경을 써야

날씨가 따뜻해지면 뿌리가 움직이기 시작한다. 실내에서 기르던 분을 밖으로 내놓는데 환경이 갑자기 바뀌면 포기가 상하기 쉬우므로 서서히 옮겨 놓고 기른다. 봄은 포기나누기나 분갈이의 적기이다.

두는 장소 하루 최저 기온이 10도를 넘게 되면 구름 낀 날을 택하여 밖에 내놓는다. 빛이 적은 실내에서 햇빛이 강한 실외로 환경이 바뀌면 잎이 타는 수가 있으므로 봄철에는 특히 빛을 주의해야 한다. 또 날씨 변화가 심한 계절이므로 밖에 내놓은 분은 저녁 나절에 잊지 말고 실내로 들여놓는다.

물주기 바깥 공기도 싸늘하지만 실내 온도도 낮아 실내에서 관리할 때는 열흘에 한 번 정도 물을 주고 다소 건조하게 관리한다. 밖에 내놓았을 때는 수태의 표면이 하얗게 말랐을 때 물을 준다.

비료주기 새 촉이 자라기 시작하면 2,000배로 희석한 액체 비료를 월 2회 정도 준다.

병충해 봄철은 깍지벌레, 민달팽이, 응애류와 같은 해충들이 일제히 활동을 시작하는 시기이다. 특히 5~6월은 깍지벌레의 유충이 움직이는 시기이므로 스미치온 등의 약제를 살포한다. 그 밖의 해충은 예방 차원에서 월 2회 약제를 살포해 주면 피해를 막을 수 있다. 특히 민달팽이의 피해가 크므로 발견하는 대로 잡아 준다.

포기나누기와 분갈이 최저 기온이 10도 이상이 되면 포기나누기와 분갈이를 해야 하는데, 시기를 놓치지 않는 것이 중요하다. 분갈이의 적기는 새 눈이나 새 뿌리가 자라기 시작할 무렵으로, 눈이나 뿌리를 부러뜨리지 않도록 주의한다.

덴드로비움의 번식 방법에는 실생(實生), 포기나누기, 삽목(揷木, 꺾꽂이), 높은 눈따기 등이 있는데, 가장 쉬운 방법이 포기나누기와 삽목이다. 분갈이는 앞으로의 생장 상태를 좌우하는 중요한 작업이다. 우선 뿌리가 상하지 않게 하면서 묵은 포기를 분에서 뽑아낸다. 묵은 수태는 손이나 젓가락, 핀셋 등을 이용하여 조심스럽게 제거한 다음, 묵은 뿌리와 줄기를 적당히 자르고 앞으로 자랄 부분을 가급적 넓게 잡아 심는다. 분에 심을 때는 물이 잘 빠지도록 바닥에 분 조각을 넣거나 그 부분을 빈 공간으로 남겨 둔다.

덴드로비움

덴파레 심는 순서

1 식재로 사용되는 바크

2 분망을 넣는다.

3 물이 잘 빠지고 열을 차단하기 위해 밑부분에 스티로폼 조각을 깐다.

4 심을 포기의 벌브가 분보다 약간 들어가도록 수평을 잡는다.

5 꽃대가 있거나 줄기가 약해 부러질 위험이 있을 때는 지주를 세워 준다.

6 분에 비해 다소 포기를 많이 심는 것이 분 내부가 과습한 것을 막을 수 있다.

7 적절한 포기를 심고 바크를 채운다.

8 다 심은 덴파레. 다 심은 뒤에는 물을 흠뻑 준다.

분갈이를 하고 난 뒤에는 강한 햇빛을 쬐거나 비료를 주어서는 안 되며, 물은 수태가 마른 다음 다시 1~2일이 지난 뒤에 준다.

여름 – 물은 저녁에 준다

노빌계 덴드로비움은 여름철 고온에 약해질 우려가 있으므로 가능한 한 시원하게 관리한다.

두는 장소 빛이 잘 비치는 곳에 두고, 20퍼센트 정도만 빛을 가려 준다. 분은 지면에 직접 닿지 않도록 하고 지상에서 30~50센티미터 정도 떨어진 곳에 선반을 만들어 그곳에 둔다.

물주기 장마 중에는 기온이 높으므로 계속해서 비를 맞게 두어도 무방하다. 장마가 끝나면 매우 건조해지고 무더위가 시작되므로 매일 물을 준다. 덴드로비움은 대부분 야간에 물을 흡수하고 한낮에는 거의 물을 흡수하지 않으므로 저녁 시간 이후부터 물을 준다.

비료주기 장마가 끝나기 전까지는 월 1회 고형 비료를 주거나 2,000배 정도로 희석한 액체 비료를 월 2회 준다. 그러나 장마가 끝난 뒤에는 비료를 주지 않는다.

병충해 장마 기간에는 깍지벌레나 진딧물이 활동하는데 발견하는 즉시 스미치온을 살포한다. 장마가 끝나면 해충의 활동도 주춤해지지만 너무 건조한 상태에서는 응애류가 발생하기 쉬우므로 방심은 금물이다.

가을 – 물주기를 줄이고 저온 관리로

가을부터 초겨울 사이에는 분 속을 건조하게 하고 저온으로 관리한다. 이렇게 하면 지난해 나온 벌브에서 꽃눈이 생기고 꽃봉오리가 올라온다.

두는 장소 가을비를 맞지 않도록 장소를 옮기거나 비를 막아 준다. 일반 주택이나 아파트의 경우 베란다에서 기르면 빛도 충분하고 잘 자란다.

물주기 9월이 되면 조금씩 물을 주는 횟수를 줄여 간다. 10월에는 주 1회 정도 물을 주어도 되지만, 11월에는 거의 주지 않는 것이 좋다.

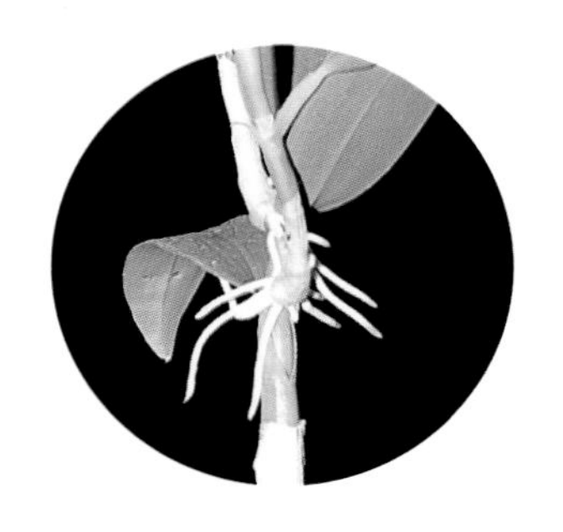

줄기의 중간에서 싹이 돋은 것을 고아(高芽)라고 한다.

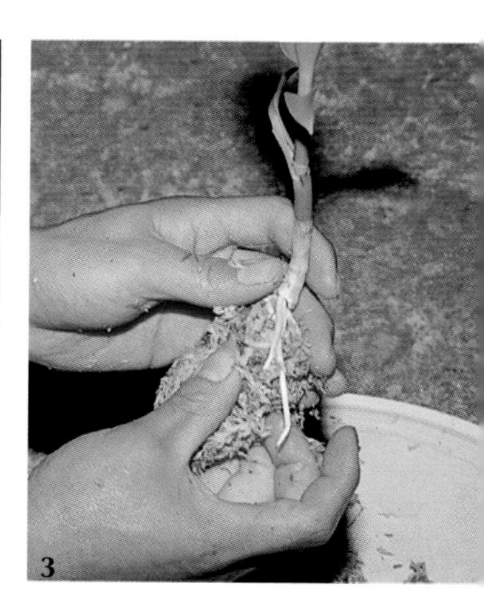

고아의 처리

1 고아를 그냥 내버려 두면 본래의 촉이 성장하는 데 지장을 주므로 떼어서 따로 번식시킨다.
2 흰뿌리가 4~5센티미터 정도 자라면 손으로 떼어낸다.
3 물에 불린 수태를 뿌리 안쪽에 충분히 채워 준다.
4 뿌리가 드러나지 않게 잘 감싸 준다.
5 분에 넣고 물을 충분히 준 후 바람이 잘 통하는 그늘에서 관리한다.

비료주기 9월에 한 번 정도 질소분이 적고 인산이나 칼륨분이 많은 액체 비료를 2,000배로 희석하여 준다.

병충해 바깥 공기를 쐬었기 때문에 병은 거의 발생하지 않는다. 지난해에 생긴 줄기에 달린 잎이 10~11월에 걸쳐 누렇게 되어 낙엽으로 변하다가 떨어진다. 이렇게 낙엽이 진 오래된 촉에서 꽃이 핀다. 따라서 낙엽이 져서 보기 싫다고 성급하게 소독하거나 잘라내면 꽃을 보기가 어렵다. 이 시기에는 건조하게 재배하기 때문에 응애류가 발생하기 쉽다. 올해 생긴 벌브의 잎이 군데군데 누렇게 되어 가면 잎 뒷면을 살펴본다. 만약 응애류가 있으면 스프라사이드와 같은 살충제를 살포한다.

겨울 – 최저 온도를 5도로 유지한다

건조시켜 저온 상태에 있는 포기는 실내로 들여놓는다. 이때 따뜻한 장소로 갑자기 옮기면 환경의 변화가 심해서 병이 발생하거나 모처럼 생긴 꽃망울이 떨어질 염려가 있으므로 주의한다. 처음에는 현관처럼 그다지 온도가 높지 않는 곳에 1주일 정도 두었다가 따뜻한 실내나 온실로 옮겨 놓는다.

두는 장소 실내의 창에서 20~30센티미터 정도 떨어진 햇빛이 잘 드는 장소에 놓는다. 야간에 난방을 하지 않으면 실온이 내려가게 되는데, 5도 이하로 내려갈 것 같은 날씨라면 잠들기 전에 보온에 신경을 써야 한다. 덴드로비움은 서양란 가운데 비교적 추위에 강한 편이지만, 0도까지 내려가면 세력이 약해져서 잎이 떨어지고 시드는 경우가 있다. 따라서 최저 온도 5도를 유지시켜 준다. 또한 난방 기구의 뜨거운 바람이 직접 닿으면 탈수 상태가 되어 말라 죽게 되므로 주의한다.

물주기 일주일에서 열흘 정도 간격을 두고 1회 물을 주되 따뜻한 날 오전 중에 준다. 다른 동양란처럼 물을 충분히 주면 오히려 분 속이 습해진다. 이렇게 되면 뿌리가 썩게 되므로 식재를 눌러 보아 마른 듯 푸석푸석한 상태를 유지하는 것이 좋다.

비료주기 겨울에는 비료를 전혀 주지 않아도 된다.

병충해 병충해는 거의 발생하지 않지만 간혹 이른봄에 진딧물이 발생할 우려가 있으므로 잘 관찰하고, 진딧물이 발견되면 스미치온 등의 약제를 즉시 살포한다.

카틀레야

수집가였던 카틀레이(W.Cattley)의 이름을 따서 붙인 것으로 서양란이라 하면 바로 카틀레야(Cattleya)를 연상할 만큼 아름다운 품종이 많다. 서양란의 여왕으로 꼽히는 카틀레야의 원종은 약 60종이 있으며 대표적으로 카틀레야속, 브라사볼라속(brassavola), 레리아속(laelia), 소프로니티스속(sophronitis) 등의 교배종들이 주류를 이루고 있다.

원종은 중남미에 자생하며, 수목이나 바위에 착생한다. 포기는 바로 서고, 벌브라 불리는 비대한 줄기가 있다. 줄기의 맨 꼭대기에서 선명한 색채의 꽃이 피며, 잎은 벌브의 맨 위에 달린다. 카틀레야류는 건조에 잘 견디며 겨울은 따뜻하고 여름은 서늘한 장소에서 잘 자란다.

기르기

카틀레야는 2～10미터 정도 길이로 떨어져 있는 나무 줄기나 가지에 붙어사는 착생란으로, 뿌리는 나무 표피 위로 쭉 뻗어 몸체를 지탱하고 있다. 이 뿌리는 비가 내리면 물을 빨아들이고, 오랫동안 수분을 함유할 수 있는 조직으로 되어 있긴 하지만, 맑은 날에는 나무 표피에 접하는 부분 이외에는 건조하다. 이러한 원산지의 특성이 있기 때문에, 다년초인 카틀레야는 통풍을 좋아하고, 뿌리도 때때로 건조하게 하는 쪽이 좋은 난을 만들 수 있다.

카틀레야의 원산지에서는 서리나 눈을 전혀 볼 수 없다. 그렇기 때문에 추위에 약하여 실외에서 겨울나기는 불가능하다.

카틀레야 서양란의 대표적인 꽃으로 화려하기 때문에 '서양란의 여왕'이라 불리운다.

꽃은 1년에 한 번 개화하는 것이 원칙이고, 3~4주 동안 감상할 수 있다. 품종에 따라 사계절에 걸쳐 각각 꽃 피는 시기가 다르지만, 가을피기 품종이 가장 많고 그 다음은 겨울, 봄, 여름피기 순이다.

봄 – 포기나누기와 분갈이의 적기

봄은 분갈이에 가장 이상적인 계절이다. 가을, 겨울에 꽃이 핀 포기는 3월 하순에서 4월까지 포기나누기나 분갈이를 끝마친다. 포기나누기는 잘 자란 포기 가운데 수태가 다치지 않게 뿌리가 싱싱한 포기를 떼어 큰 분에 심는 것을 말한다. 뿌리가 상하지 않게 끝마쳐야 다음해 탐스럽고 화려한 꽃을 피울 수 있다.

두는 장소 3월은 아직 기후의 변화가 심하기 때문에 실내에서 관리한다.

특히 통풍에 신경을 쓰고, 맑은 날에는 창문을 열어 환기시키거나, 몇 시간이라도 밖에 내놓아 햇빛을 쬐어 준다.

이 계절에 가장 주의해야 할 점은 잎이 타지 않게 하는 것이다. 긴 겨울 동안에는 약한 광선을 받으며 자라서 잎과 벌브가 모두 약해져 있다. 이렇게 된 포기가 봄의 강한 햇빛과 급격한 온도 상승으로 잎이 타 버리는 것이다. 두는 장소가 겨울과 같은 곳이라면 하루의 온도 변화에 주의해서 적절하게 환기를 해 주어야 한다.

물주기 겨울보다 물 주는 횟수를 늘린다. 왜냐하면 뿌리의 생장이 그다지 활발하지는 않지만, 분 속의 수분 증발이 비교적 빨라지기 때문이다. '식재가 하얗게 되면 준다' 고 하는 물주기 원칙을 지켜 너무 많은 물을 주면 과습할 수 있으므로 주의한다.

비료주기 4월이 되면 서서히 규정량의 2배로 묽게 탄 액체 비료를 주기 시작한다.

병충해 3월 하순에서 4월은 깍지벌레가 발생하기 쉬운 시기이다. 주로 잎 뒷면이나 마디와 마디 사이에 잘 붙어 있으므로 세심한 관찰과 약제 살포를 병행한다.

봄에 꽃이 피는 품종의 관리 봄에 꽃이 피는 종류의 분갈이는 꽃이 지면 즉시 한다. 품종 또는 그해의 관리에 따라 5월경까지 개화가 늦어지는 것이 있지만, 이 경우에도 방법은 같다. 갈아심은 직후에는 뿌리가 상해서 좋은 꽃이 피지 않고 그루를 위해서도 좋지 않으므로 꽃대 보호잎에 특히 세심한 주의를 하고 꽃눈이 달렸는지 잘 확인한다.

여름 – 시원한 장소에 놓고 물을 충분히

장마 기간은 카틀레야의 생장에 가장 좋은 시기이다. 그러나 30도가 넘는 날이 계속되면 생장이 정지하든지 부진하게 된다. 이렇게 높은 기온이 지속될 때는 저녁 나절에 엽면에 스프레이로 물을 뿌려 주어 식물 자체의 온도를 내려 주는 동시에 야간 생장을 촉진시킨다.

두는 장소 6월 중순 이후 2개월 동안 밖에서 기른다. 실내의 약한 빛에 적응되었다가 갑자기 직사광선을 쬐면 잎이 타버리므로 50퍼센트 정도 차광해 준다. 정원수가 있는 경우에는 분을 나뭇가지에 매달아 기르면 바람도 충분하고 나뭇가지 사이로 들어오는 부드러운 빛을 받을 수 있어 좋다.
그러나 카틀레야 분을 땅 위에 직접 올려 놓고 기르는 일은 피한다. 왜냐하면 분 내부의 통풍도 안 되고 지면의 수분을 과다하게 흡수하여 수태나 식재에 습기가 많아지면 뿌리가 썩기 때문이다. 카틀레야는 뿌리의 통풍이 특히 중요하므로 반드시 선반 위에 매달아 놓고 관리한다.
물주기 1년 가운데 물을 가장 많이 주어야 하는 계절이다. 단 장마 기간에는 수태가 하얗게 말랐을 경우에만 실시한다. 그리고 장마 뒤의 고온기에는 매일 저녁 물을 준다. 포기의 생장 촉진을 위해서 물주기는 매우 중요한 역할을 한다.
비료주기 실외에서 재배할 때는 액체 비료를 월 3회 정도 정기적으로 실시한다.
병충해 장마 기간에는 여러 가지 병균의 피해가 발생할 우려가 있으므로 살균제를 월 3회 살포한다. 또한 깍지벌레의 번식기가 되므로 적절한 약제를 살포해 주면 효과적이다.
실외에서 재배할 경우 새 촉에 나방 유충의 피해를 받을 수 있다. 나방 유충은 낮에는 땅속에서 생활하고 있으므로 스미치온 수용액을 양동이에 넣어 분 주위의 땅속까지 충분히 뿌려 주면 다른 해충도 함께 퇴치할 수 있다. 이 밖에 민달팽이의 피해를 입을 수 있으므로 밤중에 분을 살펴 직접 집어내거나 약제를 살포한다.
여름에 꽃이 피는 품종의 관리 여름에 꽃이 피는 품종은 꽃눈이 움직이기 시작하면 햇살이 약하고 통풍이 좋은 시원한 장소로 옮겨 둔다. 그 이유는 연약한 꽃봉오리가 여름의 강한 빛을 받아 꽃대 보호잎이 더위에 썩는 일이 많기 때문이다. 꽃눈이 발생하고 자랄 때에는 더욱 세심한 관찰이 필요하다.

가을 – 기온이 내려가기 시작하면 물주기를 삼가야

카틀레야는 가을에 분갈이를 하지 않는 것이 좋다. 분이 너무 좁거나 어쩔 수 없는 경우를 제외하고 분갈이나 포기나누기를 하면 생장이 더디고 겨울철 휴면 상태와 같아진다. 가을 관리로 가장 신경을 써야 할 것은 물주기다. 하루가 다르게 기온이 낮아지므로 물 주는 양을 조금씩 줄여 나간다.

두는 장소　9월까지는 여름과 같이 실외에서 관리한다. 주의할 것은 가을비다. 가을비는 여름의 비와 달리 분 안의 상태가 저온 다습하게 되므로 수태를 상하게 하고, 뿌리가 썩거나 병을 일으키는 원인이 된다. 비가 내리는 날은 실내로 들여놓고, 뿌리를 깨끗하게 관리한다.

물주기　여름철보다 물 주는 양을 줄여야 한다. 9월 중순경부터는 수태가 건조하면 물을 준다. 기온에 따라 그 횟수를 줄이고 물주기는 맑은 날 오전 중에 한다.

비료주기　초여름부터 주기 시작했던 비료도 9월 중순에 일단 중지한다. 그 뒤로는 엷은 액체 비료를 월 1～2회 정도 준다.

병충해　밖에서 오랫동안 비를 맞아온 포기는 뿌리가 썩기 쉽다. 이런 상태를 보이는 분은 즉시 수태를 깨끗한 것으로 갈아심고 다소 건조하게 관리한다.

보호잎 젖히기　카틀레야 계통은 꽃대 보호잎이 2중으로 되어 있는 것이 많으며 바깥 것 한 장을 뒤로 젖혀 봉오리가 나오기 쉽게 한다.

가을에 꽃이 피는 품종의 관리　가을에 꽃이 피는 대표적인 품종으로는 포시아 등 2엽계(二葉系) 여러 송이 피기 품종이다. 이 카틀레야류는 봄부터 늦여름까지가 생장기이다. 이 시기에는 새 촉 사이로 물이 고이기가 쉬워 썩는 일이 많으므로 주의한다. 이런 경우에는 분을 조금 기울여 속에 든 물을 빼거나 면봉으로 닦아 준다. 또 이 계통은 꽃대 보호잎이 2중으로 되어 있는 것이 많은데 바깥쪽에 있는 보호잎 한 장을 뒤로 젖혀 봉오리가 속에서 나오기 쉽게 해 준다.

일반적으로 여름이나 가을에 꽃피는 품종은 온도 관리에 신경을 쓰지 않아도 되므로 초보자들이 기르기에 적합하다.

겨울 – 온도 관리에 특히 주의를 기울여야

겨울에는 온도와 습도의 균형을 잡는 일이 중요하다. 이 점을 놓치면 좋은 포기를 볼 수 없다. 온도가 높을 때는 습도를 높이고, 온도가 낮을 때는 습도도 내려 준다는 원칙을 항상 기억한다.

두는 장소 한낮에는 햇빛이 잘 드는 곳에 둔다. 단, 창문이 있는 곳에서는 직사광선에 의해 잎이 탈 우려가 있으므로 차광을 해 주거나 창문을 좀 열어 통풍을 시켜서 겨울철 실온이 20도가 넘지 않도록 한다.

온실과 달리 낮은 온도로 난방한 실내에서 재배한 카틀레야는 뿌리만 건실하게 자라고 벌브와 새 촉은 약하다. 분 주위에 이끼가 낀 흔적도 없고, 수태는 심었을 당시의 색과 같다. 고온 저습한 환경에서 관리하면 이러한 결과를 초래하기 쉽고, 꽃도 잘 피지 않고 시들지도 않는 상태가 계속된다.

온실 없이 재배할 때에는 물을 주지 말고 휴면을 시킨다. 휴면 상태일지라도 한낮에는 조금씩 생장을 하고 있으므로 충분한 습도를 확보할 수 없을 때는 야간의 온도를 5～10도 정도로 유지시킨다.

물주기 5～6일에 한 번씩 주되, 따뜻한 날에는 오전 10～12시 사이에 포기 위에서 물을 준다. 겨울철 수돗물은 너무 차가우므로 미리 받아 놓거나 온수를 조금 섞어 준다.

비료주기 겨울 동안은 비료를 주지 않는다. 만약 비료를 주게 되면 수태나 뿌리를 썩게 하므로 주의한다.

겨울에 꽃이 피는 품종의 관리 온실이 없는 경우라면 12월에 개화하는 품종까지는 꽃을 볼 수 있지만 1～2월에 꽃이 피는 품종은 봄에 꽃을 피운다. 꽃이 필 때까지 보호잎 내의 꽃눈을 썩지 않게 관리하는 것이 중요하다. 특히 온도의 급격한 변화에 주의한다.

개화중이거나 봉오리를 맺은 포기는 난방한 방에 두면 온도가 적합하지 않아 꽃이 탐스럽게 피지 않거나 봉오리가 떨어지는 일이 있으므로 온도 관리에 신경을 쓴다.

미니 카틀레야

파피오페딜리움

파피오페딜리움(paphiopedilum)이란 비너스(paphio)와 좋은 신발(pedilon)이란 뜻으로 영어 이름도 레이디스 슬리퍼(ladies slipper)라 하는데, 이는 볼록한 설판을 연상하여 붙여진 것이다. 우리나라에 자생하는 광릉요강꽃이나 개불알꽃을 닮은 근연종이다.

서양란 가운데 지생란을 대표할 만한 것으로, 동남아시아에서 인도 북부에 주로 자생하고 약 60종이 있다. 성질과 형태에 따라 보통종, 얼룩무늬잎종, 다화성종(多花性種), 왜성종(矮性種) 등 4개 그룹으로 구분된다.

우리나라에서는 주로 산 중턱부터 아래에 걸쳐 있고 높은 나무 아래, 양치류가 무성한 장소(광선이 약하고 습도가 높은 곳)의 지면에 뿌리를 펼치고 생육한다. 카틀레야와 같은 화려함은 없고 꽃의 형태도 단순하지만 침착한 빛깔과 광택 있는 꽃, 꽃받침의 변화가 감상 가치를 높여 준다.

잎의 길이는 보통 10~30센티미터, 폭은 3~4센티미터 정도이며, 잎이 좌우로 뻗으며 두께는 카틀레야의 1/3 정도이다. 잎의 색은 녹색이지만 품종에 따라 조금씩 달라서 진하거나 잎에 흰점무늬가 있는 것도 있다.

줄기는 없고 잎이 뿌리에서 직접 나온다. 뿌리를 직접 땅에 내리고 생활하는 지생란이므로 뿌리는 그리 많지 않으며, 굵기도 직경 약 2밀리미터 정도로 뿌리 주위에 잔뿌리가 많이 나 있다.

꽃눈은 포기의 중앙인 잎 밑둥의 뿌리에서 바로 나오는데, 이 꽃눈이 10~30센티미터 정도의 꽃줄기로 뻗어서 그 끝이 한 송이 혹은 두 송이, 계통에 따라서는 긴 꽃줄기에 4~5송이의 꽃이 달리기도 한다. 꽃술이 주머니 모양을 하고 있어서 벌레들이 출입할 때 꽃가루를 수정시킨다. 꽃의 수명은 30~50일 정도이다. 꽃의 순판은 자루 모양이며, 꽃잎은 광택이 있고 색채는 은은한 중간색이다.

기르기

파피오페딜리움 계통은 재배 시기와 꽃색을 기준으로 나눌 수 있다. 재배상으로는 겨울~봄피기, 여름피기, 부정기(不定期)피기로 나뉘는데 겨울~봄피기가 일반적이며, 여름피기는 그다지 많지 않지만 재배는 하고 있다. 부정기피기는 겨울 동안 15도 정도로 유지하여, 느리기는 하지만 생장을 계속해서 꽃눈이 2년에 3회 피는 것을 표준으로 한다.

꽃의 색으로는 황색, 갈색, 백색, 적색, 점꽃〔點花〕 등 여러 가지가 있다.

봄 – 분갈이에 적합한 시기

파피오페딜리움은 벌브 부분이 없고 지면 근처에서 잎이 좌우로 자라기 때문에, 다른 서양란에 비해 포기의 상태나 변화를 알아보기 힘들지만 새로 올라오는 촉을 보면 알 수 있다.

겨울에 온도가 높은 온실 같은 곳에 놓아 두었던 포기는 이미 꽃이 핀 것도 있지만, 거실처럼 온도가 낮은 곳에서 관리된 분이라면 꽃이 갓 피어나기 시작하는 것도 있다. 꽃이 피고 나서 2~3일쯤 지나면 새 뿌리가 움직이기 시작하는데, 이 무렵이 분갈이의 적기다.

두는 장소　실외로 옮겨 재배할 경우 직사광선은 피하고, 오전 10시 전이나 오후 3시 이후의 빛을 쬐어 준다. 실내에서는 햇빛을 차광해 부드러운 빛이 들어오는 곳이 좋다.

물주기　파피오페딜리움은 수분과 양분을 저장하는 벌브가 없어 물 관리에 특히 주의해야 한다. 수태의 표면은 항상 습하게 해야 하므로 물을 줄 때는 분 안이 충분히 젖도록 준다. 하지만 너무 습한 것도 문제가 있다.

비료주기　고형 비료를 주거나 액체 비료를 2,000배로 희석해서 월 2회 정도 물 대신 준다 . 1년에 한 번씩 새로운 수태로 갈아심을 경우 비료를 주지 않아도 생장이 순조로운 편이지만, 약간 오래된 것이나 모래에 옮겨 심은 것에는 조금 많이 주어도 무방하다.

병충해　봄철은 깍지벌레, 민달팽이, 응애와 같은 해충들이 일제히 활동을

파피오페딜리움　꽃 모양이 독특해서 인기가 있는 파피오페딜리움은 자생지가 인도네시아, 중국, 뉴기니, 우리나라에 이르기까지 넓게 퍼져 있다.

시작하는 시기이다. 특히 5～6월경이 되면 깍지벌레의 유충이 움직이기 시작하는데, 스미치온을 살포하여 구제한다. 그 밖에 해충 예방제를 월 2회 정도 살포하면 피해를 줄일 수 있다.

포기나누기와 분갈이 꽃이 피고 나서 2～3주 정도 지나면 새 뿌리가 나기 시작하는데, 이때가 분갈이 하기에 적당한 시기이다. 분갈이가 늦어지면 자라기 시작한 뿌리가 상할 우려가 있다. 그렇다고 한겨울에 꽃이 핀 것을 금방 옮겨 심으면 낮은 온도 때문에 오히려 피해를 입을 수 있으므로, 12～13도 이상이 된 다음에 분갈이를 해주는 것이 좋다.

포기나누기는 잎이 우거진 큰 포기라면 낡은 물이끼를 떼어내는 동안 자연히 나누어지기도 한다. 그 해에 핀 잎 밑에서 새싹이 자라서 꽃이 피기 때문에 나눌 때는 새싹이 반드시 붙어 있도록 해야 한다.

여름 – 고온일 때는 비료를 주지 말아야

파피오페딜리움은 내구력(耐久力)이 있어 30도 정도의 고온에서도 그다지 피해를 입지 않는다. 단지 높은 온도일 때 비료를 많이 주면 뿌리가 즉시 약해지고 급속히 쇠퇴한다. 저장 양분을 갖고 있지 않으므로 뿌리가 상하면 온도에 관계없이 치명적이다.

두는 장소 새 눈이 서서히 커지게 되므로 지금까지보다 넓은 장소에서 길러야 한다. 간격이 좁으면 통풍이 나빠져서 장마철에 무름병이 생기는 수도 있다. 빛이 너무 강하지 않도록 60～70퍼센트 정도는 차광시킨다.

물주기 쉽게 건조되는 시기이므로 분 속이 마르지 않도록 물주기에 유의한다. 되도록 아침 · 저녁으로 물을 흠뻑 준다. 한낮에 30도 이상 온도가 오르거나 야간 온도가 25도 이하로 내려가지 않을 때, 주변에 물을 뿌려 온도를 내려가게 한다.

장마가 끝나면 하루에 한 번 엽면에 물을 스프레이 해 주거나 바닥에 물을 뿌려 습도 유지에 노력한다.

비료주기 새 촉과 뿌리가 잘 자라기 시작한 포기에는 집중적으로 비료를 주어도 무방하다. 유기질 비료를 분 위에 넣어도 좋다. 다만 더위가 너무 심할 때에 비료를 너무 많이 주면 뿌리가 썩을 우려가 있으므로 피하는 것이 좋다. 그러나 월 2～3회 2,000배의 액체 비료를 물 대신 주는 것은 상관없다.

병충해 여름에 가장 염려되는 것은 연부병이다. 파피오페딜리움은 실내에서 재배하는 경우가 많으므로 관리가 소홀하면 새싹이 검게 변하고 녹아 버린다. 이럴 때는 살균제를 뿌려 통풍이 잘 되는 곳에 두고 물을 5～6일 동안 중지해서 포기가 마르게 한다.

가을 – 지는 햇빛을 쬐지 않도록

서늘한 바람이 불어올 무렵이면 봄에 나온 눈은 커져서 새 눈을 약간 내민 채로 더이상 자라지 않고 어미 촉이 된다. 여름에 생장한 싹은 9월경에서 10월 이후에 생장을 멈춘다. 이 시기부터 그 해에 크게 자란 싹의 기부에서 작은 새싹이 나온다.

두는 장소 9월 하순이 되면 여름보다 일조 시간도 짧고 빛의 양도 약해지기 때문에 50～60퍼센트 정도만 차광한다. 특히 이 시기는 꽃눈의 성장에 중요한 때이므로 주의한다. 또 해가 질 무렵의 빛은 잎을 태울 수 있으므로 각별한 관리가 필요하다. 늦가을에는 야간에 기온이 내려가는 것에도 주의를 기울여야 한다.

물주기 분토 표면이 말랐을 때 물을 주되, 여름과 달리 생장을 멈추고 있

파피오페딜리움 수분과 양분을 저장하는 벌브가 없어 물 관리에 특히 신경을 쓴다.

으므로 예전처럼 흡수하지는 못한다. 보통 2~3일에 한 번씩 주는 것이 적당하지만 늦가을로 접어들면 점차 줄여 나간다.

비료주기 여름과 동일하게 매월 2~3회 액체 비료를 준다. 꽃눈이 보이는 포기에는 주지 않는 것이 좋다.

병충해 바깥 공기를 쐬었기 때문에 병은 거의 발생하지 않는다. 올해 생장이 끝날 무렵이면 지난해에 자란 잎은 누렇게 변하여 시들게 된다. 이는 제 역할이 끝났기 때문이지 병이 아니므로 잘라낸다.

겨울 – 최저 10도 이상, 최고 30도 이하로 관리

파피오페딜리움은 추위에 강한 편이어서 5도 정도의 저온에서도 피해를 입지 않는다. 그렇지만 영하로 내려가는 강추위가 계속되면 뿌리가 동해를 입거나 약해져 잎이 떨어질 수 있으므로, 최저 5~10도를 유지시킨다.

두는 장소 야간 온도가 점차 내려가고 최저 온도도 13~15도 정도가 되면 실외에서 온실이나 따뜻한 실내로 들여놓는다. 겨울의 최저 온도는 품종에 따라 다르지만, 무늬가 없는 종류는 저온에 강하므로 5~7도 이상, 다른 것은 10도 이상을 유지한다.

겨울철에는 햇빛이 부족할 수 있으므로 잎에 50퍼센트 정도 차광한다. 실내에서 기를 경우 커튼 한 장 정도로 가려진 빛을 쬔다.

물주기 4~6일 혹은 1주일 간격으로 한 번 주되, 따뜻한 날 오전중에 준다. 또한 분 속의 식재가 건조해 보이면 물을 주되 다소 건조하게 관리한다.

비료주기 꽃눈이 생겼거나 꽃이 피어 있는 분에는 비료를 주지 않는다.

병충해 병충해는 거의 발생하지 않는다. 그러나 이른봄에 진딧물이 발생하는 일이 가끔 있으므로 포기를 잘 관찰하여 발견하는 즉시 스미치온을 살포한다.

반다

반다(vanda)는 산스크리트어인 나무에 착생한다(vandaka)는 말에서 따온 것이다. 실제로 반다는 나무에 붙어 사는 착생란이다. 열대아시아를 중심으로 인도, 뉴기니, 호주에 이르는 광범위한 지역에 약 70종이 분포하고 있다.

꽃의 수명이 길고 아름다워서 꽃다발이나 꽃꽂이로 인기가 높으며, 미얀마 등지의 고지에서 자라는 저온성종과 필리핀 등의 적도 부근에서 자라는 고온성종으로 나누어진다. 또한 잎의 형태에 따라 햇빛을 좋아하는 봉상엽을 텔리드계, 약한 광선을 좋아하는 엷은 V자상엽을 스트랩계로 나눈다. 이들은 뿌리가 썩거나 습도가 부족한 경우, 또 온도가 낮을 때 아래 잎부터 떨어지기 시작한다.

반다 태국, 필리핀이 원산지로 더운 곳에서 자라지만, 약간 선선한 곳에서 자라는 것도 있다. 재배를 할 때에도 더위에 강한 것과 약한 것을 잘 구별하여야 한다.

뿌리의 굵기는 카틀레야의 2배 정도이고 새 뿌리는 늦은 봄부터 줄기 밑동에서 나오지만, 줄기가 자라는 것에 따라 뿌리가 나오는 부위가 높아지며 때로는 줄기 중간에서 옆으로 뻗어 나오는 수가 있다. 새 뿌리는 흰색이고 끝쪽은 녹색으로 뿌리 끝이 잘리면 생장이 중지된다.

꽃은 줄기의 중간, 잎이 나 있는 마디 사이에서 피는 경우가 있다. 한 개의 꽃줄기에 10～20여 송이 정도의 꽃이 핀다. 꽃은 2～3주일 동안 볼 수 있으며, 아래에서 위로 점차 핀다. 한 개의 꽃줄기는 약 1개월 정도 지속된다. 개화 시기는 부정기적이며 1년에 네 번 피기 때문에 1년 내내 꽃이 피는 것 같지만 주로 봄에서 여름 사이에 핀다.

반다

팔레놉시스

팔레놉시스(phalaenopsis)는 나방(phalaina)과 같은(opsis)이란 뜻의 두 단어를 합친 것으로, 꽃 모양이 나방을 닮았다 하여 호접란(胡蝶蘭)이라고도 한다. 열대아시아를 비롯하여 히말라야 산록, 호주, 대만에 이르는 지역에 약 50종이 자생하고 있다.

원산지에서는 시냇물이나 해안 가까운 수목에 착생하여 가지 사이로 비치는 햇빛을 받는다. 두껍고 폭이 넓은 잎이 3~7장 정도 붙으며, 꽃색이 풍부해 여성에게 인기가 있다. 꽃은 주로 겨울부터 봄에 피는데, 이 가운데는 여름피기나 가을피기 하는 품종도 있다. 일반적으로 줄기는 극히 짧으며 폭이 넓은 다육질의 잎을 2열로 단다. 잎은 녹색종과 아름다운 무늬가 있는 종류가 있으며 드물게 낙엽종이 있다. 꽃대는 활 모양으로 길게 굽으며 2열로 꽃을 피운다.

새싹이 뻗는 방법에 따라 복경성종(複莖性種)과 단경성종(單莖性種)으로 구분할 수 있다. 복경성종은 카틀레야나 심비디움처럼 매년 새로운 싹이 뻗고 줄기가 완성되며 다음해의 싹은 전에 완성된 벌브의 밑부분에서 생기는 종류를 말한다. 단경성종은 팔레놉시스, 반다처럼 줄기의 꼭대기 부분이 위로 자꾸만 뻗으며 새 잎을 내고 고온 다습하게 재배하면 1년 동안 생장을 계속하는 종류를 말한다.

기르기

팔레놉시스의 꽃 구조는 꽃받침 3매와 화판 2매, 설판 1매로 되어 있으며 꽃기둥에 꽃가루가 덩어리 모양으로 되어 있어 부착하기 쉬운 상태이다. 꽃이 달리는 모양은 자라난 줄기의 마디 부분에서 화경(花莖)이 뻗고 6~7마디에서 2~10여 송이의 탐스런 꽃이 핀다. 화경은 개화 후 4~5마디를 남기고 자르는데, 화아분화의 조건이 충족되면 나머지 마디의 화경이 신장하여 개화한다.

팔레놉시스의 잎은 광합성 작용과 동시에 수분 저장 작용을 하는 조직이 발달되어 있다. 뿌리는 양분과 수분을 흡수하며 착생종이므로 나무나 바위에 부착하거나 공중으로 길게 뻗는다. 다육질인 잎은 고온 다습한 상태에서는 약간의 상처로도 병원균이 침입하여 병이 발생할 우려가 있다. 따라서 팔레놉시스를 재배할 때는 다습하고 통풍을 좋아한다는 특성을 충분히 고려해야 한다.

백화(白花)나 교배종은 사계절 꽃을 피우는 경우도 있으나 보통은 겨울에서 이듬해 봄까지 핀다. 백화는 18도 이상의 온도에서 재배하면 1년에 4매 정도의 잎이 완성된다. 꽃눈은 잎 1매가 완성되면 1개가 생긴다. 그러나 온도 조건이 맞지 않으면 꽃눈이 만들어지지 않는다.

20도 이상의 온도로 2개월 동안 재배한 다음, 야간 온도를 18～25도 이하로 하여 재배하면 100일 정도 지나 꽃이 핀다. 자연 상태에서는 여름의 고온기가 지나고 가을에 야간 온도가 낮아지면 꽃눈이 생긴다.

봄 – 분갈이의 적기

팔레놉시스의 개화기는 겨울에서 봄 사이로, 겨울에 꽃을 피우기 위해서는 15도 이상의 온도를 유지해야 하는데 12도 정도로 월동시키면 자연적으로 봄에 피게 된다. 꽃봉오리는 아래에서 윗부분으로 정연하게 벌어지는데, 저온이 계속되면 몇 송이 피지 않으므로 주의한다. 또 이미 꽃이 끝난 포기에 한해서 분이 좀 작은 것이나 배양토가 상한 것은 화분 늘리기나 옮겨심기를 해서 새 뿌리가 자랄 수 있도록 만들어 주는 것이 좋다.

두는 장소 실내와 실외 어느 곳이라도 무방하지만 실외에 둘 경우 비를 맞지 않도록 관리가 필요하다. 팔레놉시스는 착생란이지만 빛을 좋아하는 편이 아니므로 40퍼센트 차광을 해 준다. 잎에 반점이 있는 것과 푸른 잎 두 종류가 있는데, 잎에 반점이 있는 쪽이 광선에 강하고 푸른 잎은 광선에 약한 특성을 보인다.

온도 팔레놉시스의 재배 온도는 난과 식물 가운데 고온(18～25도)에 속하는 편이므로 될 수 있으면 20도 이상으로 관리하도록 한다. 개화된 꽃은 습기가 높고 온도가 낮은 방에 두면 포트리티스라는 곰팡이가 꽃잎 위에 붙어서 얼룩이 생기기 쉬우므로 주의한다.

팔레놉시스 단경성종 인기 있는 서양란 가운데 하나인 팔레놉시스는 그 모양이 나비가 무리지어 나는 모습과 비슷하다고 해서 호접란이라고도 한다.

팔레놉시스

물주기 분갈이를 하지 않은 화분에는 맑게 갠 날 아침, 잎 위에서 밑바닥으로 흘러나올 만큼 충분히 물을 준다. 줄기가 나무껍질 빛깔에서 수분이 말라 밝은 빛이 되면 다시 물을 준다.

비료주기 바크(bark)로 심은 난은 하이포넥스 2,000배 액을 1주일에 한 번 주고, 수태로 심었을 경우는 한 달에 한 번 준다.

포기나누기와 분갈이 이미 꽃피기가 끝난 그루 가운데 분이 좀 작은 것이나 배양토가 상한 것을 대상으로 분갈이를 해 준다. 배양토에는 물이끼, 나무껍질이 흔히 쓰이고 있지만 어느 것을 써도 무방하다. 그러나 작은 포기는 물이끼, 큰 화분은 나무껍질 같은 다공질(多孔質) 재료가 좋다.

분갈이의 시기는 일반적으로 개화 직후인 4～5월, 새 잎이 돋기 시작할 무렵이 좋으며 물이끼로 심는 경우 순서는 다음과 같다.

분 밑바닥에 분 조각 2～3개 정도를 넣어 준다. 뿌리와 뿌리가 서로 닿지 않도록 물에 담갔다가 꼭 짠 물이끼를 채워 놓고 바깥쪽부터 물이끼로 싸 분 안에 밀어 넣는다. 분 가장자리에서 1～2센티미터 내려온 위치에 뿌리가 올 정도로 안정시키며, 물이끼는 손가락으로 세게 눌러서 1센티미터 정도 내려갈 때까지 분 안쪽을 따라 채워 넣는다.

여름 – 생장의 최성기

평균 기온이 18도 이상이 되면 생장이 활발해지므로 여름은 팔레놉시스의 최대 생장기라 할 수 있다. 이때는 액체 비료를 계속 주어 생장을 돕고, 수태가 건조되어 딱딱해 보이면 물을 주기 시작하는데 손가락으로 가볍게 눌러 보아 반대로 물이 스며 나오면 과습이다.

두는 장소 특히 통풍을 좋아하는 팔레놉시스는 바람이 잘 부는 곳을 배양 장소로 선택하는 것이 중요하다. 통풍이 불량한 경우 환풍기를 사용하여 공기를 움직여 주는 것도 좋은데, 이때 식물에 바람이 직접 닿지 않게 한다. 한낮의 기온은 무척 뜨거우므로 차광은 50～60퍼센트 정도로 한다.

물주기 온도가 충분하다면 연중 생장하므로 시기에 따른 물관리에는 큰 차이가 없다. 다만 항상 적당한 습기를 머금을 수 있도록 연중 60～75퍼센트의 습도를 유지한다. 여름은 생장의 최적기이므로 매일 물을 주고, 한여름 고온기에는 저녁 무렵 잎에 스프레이해 주어 습기를 유지하도록 한다.

비료주기 생장이 빠른 속도로 진행되므로 다른 난에 비하여 많은 양의 비료를 요구한다. 하이포넥스 2,000배 액을 1주일마다 한 번 정도 물 대신 준다. 그러나 가장 더운 시기에 비료를 너무 진하게 주면 뿌리가 썩을 우려가 있으므로 피한다. 주의할 사항은 액체 비료를 줄 시기는 날씨가 좋은 오전 중이고 온도가 높을 때 실시한다는 점이다.

병충해 여름에 가장 염려되는 것은 근부병으로 뿌리가 썩고 그로 인하여 잎이 황색으로 변하는 현상이다. 이것은 지나친 물주기와 비료에 의한 용토 안의 발효에 의한 경우가 많다. 예방법으로는 분 안의 물빠짐을 좋게 하고 병이 발생하면 환부를 제거하고 다시 심도록 한다.

가을 – 생장이 서서히 멎고 꽃눈이 발생하는 시기

가을이 되어 기온이 내려가면 자연 생장이 멎고 꽃눈도 보인다. 밤 기온이 20도 이상이고 습도가 높은 환경이 계속되면 겨울이라도 조금씩 생장하지만 보통은 가을에 생장을 정지한다.

두는 장소 9월 하순경이 되면서 여름보다 일조 시간도 짧고 햇빛도 약해지기 때문에 40퍼센트 정도로만 차광해 준다.

물주기 건조한 시기이므로 식재가 말랐다고 생각될 때 물을 주는 것이 원칙이지만 표면만 건조되고 아래가 습한 경우도 있으므로 잘 살펴서 준다. 2～3일에 한 번씩 주는 것이 적당하며 늦가을로 접어들면 차츰 줄여나간다.

비료주기 비료는 하이포넥스 2,000배 액을 7～10일에 한 번씩 주거나 마캄프K 같은 고형 비료를 준다.

병충해 민달팽이의 피해가 우려된다. 특히 꽃눈에 상당한 피해를 주므로 약제를 뿌려 없앤다.

겨울 – 추위에 약하므로 가급적 18도 이상 유지

팔레놉시스는 추위에 약하여 5도 이하에서 죽는 경향이 많다. 15도 이상은 유지되어야 하므로 가급적 따뜻하게 관리한다.

물주기 물은 4～6일 혹은 1주일 간격으로 한 번 주되 따뜻한 날 오전중에 준다.

비료주기 뿌리가 생장하고 있는 분에 한해서는 엷게 희석한 비료를 주지만 겨울철에는 일반적으로 생장이 정지하므로 일체의 비료를 금한다.

병충해 거의 발생하지 않는다. 그러나 이른 봄에 붉은 진딧물이 발생하는 일이 가끔 있으므로 포기를 잘 관찰하여 발견하는 즉시 약제를 살포한다.

온시디움

온시디움(Oncidium)은 혹(enkos)과 모양(eidos)의 두 단어로 된 속명으로 설판 기부에 육질의 혹 모양 돌기를 가진 데서 이름지어졌다. 멕시코에서 볼리비아, 파라과이에 걸친 중남미 일대에 약 350종이 분포하고 있다.

대표적인 착생란으로, 장원형의 평평한 벌브를 지니고 잎이 엷은 발리코섬, 벌브가 작고 봉상엽을 가지는 세폴레타, 벌브가 없으며 두터운 잎을 부채꼴로 많이 달고 있는 풀케룸계로 나누어지며, 잎의 형태에 따라 반점이 든 것, 아래로 늘어지는 것, 배 모양, 막대 모양 등 여러 가지가 있다.

또한 가죽 모양의 딱딱한 잎이 있는 형태와 보통의 잎을 가진 것이 있다. 이 두 종류는 생장의 변화에서는 거의 차이가 없지만 추위에 대한 적응력에서 다소 다르다. 그러나 카틀레야와 같은 환경에서 관리하면 가꿀 수 있다. 꽃이 필 때는 포기에 따라 다소 시간 차이가 있는데 30～60일 정도 관상할 수 있고 1년

온시디움

온시디움

물주기 여름철보다 물주기를 삼간다. 심어 넣은 재료가 건조해지기 시작하면 물을 준다. 꽃대가 올라오는 포기는 너무 건조해지지 않도록 한다.

비료주기 꽃대가 올라오는 품종은 주지 않고, 그 밖의 포기는 2,000배 희석한 액체 비료를 월 1～2회 준다.

지주 세우기 꽃대가 약한 것이나 가는 품종은 지주를 세워 준다. 한참 꽃대가 올라올 때 지주를 세워 주며 너무 세게 묶지 말고 느슨하게 한다.

겨울－13～15도를 유지해야

온시디움은 겨울에도 최저 10도 이상을 유지해야 하므로, 온실이 꼭 필요한 품종이다. 만약 온실이 없어도 난방 시설이 좋은 아파트의 실내 정도면 괜찮다.

두는 장소 되도록 온실에서 재배하는 것이 좋고, 겨울 동안 빛이 부족하지 않게 한다. 최저 온도는 10도 이상으로 하고 가능하면 13～15도 정도를 유지한다.

물주기 약간 건조하게 관리하는데, 표면이 말라 보이기 시작한 뒤로 2～3일 지나서 준다. 특히 10도 이하의 온도로 관리하고 있다면 더욱 건조하게 기른다.

비료주기 생장이 멎은 포기는 비료를 주지 않는다.

겨울에 꽃이 피는 품종의 관리 온실이 없이 재배한 경우 12월까지는 어느 정도 개화하지만, 1～2월 피기의 품종은 봄에 핀다. 그때까지 꽃눈이 썩지 않게 하며 특히 급격한 온도 변화에 주의한다. 개화중인 포기나 봉오리가 맺혀 있는 포기는 난방한 방에 두면 꽃이 탐스럽게 피지 않거나 봉오리가 떨어지는 일이 있으므로 특히 온도 관리에 신경을 쓴다.

햇빛과 차광

태양광선은 많은 작용을 하지만 그 중 광합성작용으로 생물에 양식을 공급하는 것이 제일 큰 작용이라 할 수 있다. 따라서 초록색 잎을 가지고 있는 모든 식물은 햇빛이 있어야만 살아갈 수가 있다.

광합성은 녹색식물이 광에너지를 화학에너지로 변환하여 당분 등 영양분을 만들어내는 작용과 이와 병행하여 이산화탄소를 유기화학물로 바꾸는 작용을 말한다. 쉽게 말하면 식물은 직사광선을 받아 광합성을 함으로써 당분과 탄수화물을 생성하고, 생성한 탄수화물을 연소시키는 호흡작용으로 생장 등 갖가지 생리작용을 한다.

식물체의 생장속도는 그 식물의 유전적 성질과 환경조건에 크게 지배를 받으며, 상관관계를 갖는 환경조건을 보면 물, 양분, 이산화탄소, 온도 외에 광선을 들 수 있다. 광선은 광합성을 함에 있어 에너지원으로써 중요할 뿐만 아니라 꽃을 피우고 싹을 돋우는 데에도 깊이 관계하는 등 식물의 생육을 조절하고 살균작용도 한다.

먼저 광합성은 광에너지에 의해 이루어지기 때문에 당연히 광선의 강도에 지배를 받기 마련이다. 어두운 곳에서는 산소 호흡을 하여 이산화탄소를 배출하며, 햇빛을 받으면 호흡작용과 동시에 광합성을 하여 생체를 유지하기 위한 탄수화물인 당분 등을 만들어낸다. 그런데 어느 정도 광도가 올라가면 호흡과 광합성에 상반되는 가스 교환이 제로가 되는 때가 있는데 이를 광보상점(光補償点)이라고 부르고 있다. 이 광보상점을 지나 햇빛이 더욱 강해지면 광합성이 왕성해진다. 그러나 어느 정도의 강도를 넘어서면 더 이상 햇빛을 받아도 식물에 따라 차이는 있어도 광합성을 하지 않는다. 이와 같이 포화상태로 들어가는 시점을 광포화점(光飽和点)이라고 부르고 있다.

일반적으로 약한 광선 아래에서 펼쳐진 잎은 강한 광선 아래에서 전개한 잎에 비하여 광보상점이나 광포화점이 낮으며, 광합성량도 낮다.

두 번째로, 온도가 높아지면 광합성이 왕성해지는데 이와 동시에 호흡작용도 왕성해진다. 일반적으로 강한 광선에서 온도의 영향은 그다지 받지 않지만 약한 광선 아래에서는 온도의 영향을 크게 받는다. 난과 식물에 있어서 광합성이 최고에 이르는 것은 15~25도라고 한다. 어떤 식물은 38도까지 광합성이 증대하지만 이보다 더 온도가 올라가면 모든 식물은 광합성이 떨어진다.

세 번째로, 이산화탄소의 농도도 광선과 마찬가지로 보상점과 포화점이 있으며, 대기중의 이산화탄소 농도가 떨어지면 급격히 광합성이 저하된다. 광합성이 강하게 이루어질 때는 잎 주변의 이산화탄소 농도가 떨어지고 농도 부족으로 광합성이 잘 이루어지지 않을 때가 있다. 이산화탄소는 보통 대기중에 0.03퍼센트의 농도로 존재하는데 4~5배 정도인 0.12~0.15퍼센트까지는 광합성을 증대시키므로 하우스 재배 등에서 이산화탄소의 농도를 높이는 탄산가스 시비(施肥)를 하는 경우가 있다.

네 번째로, 식물의 수분이 부족하면 이산화탄소가 세포 내에 있는 물에 용해하는 속도가 떨어지고 또, 숨을 쉬는 기공(氣孔)을 닫게 되므로 이산화탄소를 빨아들이지 못해서 광합성을 떨어뜨리는 요인이 된다.

다섯 번째로, 잎의 영양상태 또한 잎 속 엽록소의 함량에 영향을 주므로 엽록소나 단백질의 생성 내지 합성에 관여하는 양분 함유량이 떨어지면 광합성이 떨어지고 함유량이 많아지면 광합성도 증대하게 된다.

이같이 광합성은 광선만이 아니라 물, 이산화탄소, 영양분과도 밀접한 상관관계를 가지고 있으며, 어느 것이나 부족하면 만족스러운 광합성을 하지 못한다.

그런데 광합성을 최대로 유도하기 위해서는 이외에 온도 조건이 중요하다. 온도가 너무 높아지면 식물의 호흡량이 많아져 광합성으로 축적한 에너지보다 더 많은 에너지를 호흡으로 방출하게 되는 것이다. 결과적으로는 소모되는 열량이 많아지고 이는 양분의 저장이 감소되는 결과를 초래하여 건실한 생장을 이루는 데 적절치 못한 환경이 되는 것이다. 난의 경우 생육 적온인 20~25도가 조성되어 있다면 빛의 세기는 강할수록 광합성량은 증가한다. 그러나 쉬어야 할 밤에도 온도가 높으면 난은 가파르게 호흡을 하여 주간에 만들어 놓은 당분을 소모해 버리기 때문에 밤중의 온도를 내려 호흡량을 줄이도록 환경을 조성해 주는 것이 바람직하다.

광도 측정

그렇다면 난 배양의 실제는 어떤가 살펴보기로 하자.

난 배양에는 아침 햇빛이 좋다. 첫째, 아침에는 온도가 높지 않아 호흡량이 적으며, 둘째, 아침 광선은 적외선보다 자외선이 많아 온도 상승이 더디며, 셋째, 아침에는 대기중에 이산화탄소의 함유량이 많아서 오전중의 높은 습도와 더불어 왕성한 동화작용을 할 수 있기 때문이다. 더욱이 동향이나 동남향에 있는 아파트의 경우 오전 햇빛은 수평으로 베란다에 조사(照射)되어 난의 기부까지 햇빛을 받는 이점이 있다.

난은 음지식물로 그늘에서도 죽지 않지만 햇빛을 주지 않으면 꽃을 피울 수 없다. 그러면 난은 어느 정도의 햇빛을 주어야 할까.

난 배양 지침서에는 차광막 한 장을 치라거나 대발 하나면 충분하다거나 하는 말로 난실의 광도에 대해 설명하고 있다. 동양란 배양에서 적당한 광량은 중국 춘란 일경구화가 1만~2만 룩스, 한국 춘란, 중국 춘란 등이 1만~1만 5,000룩스, 한란 8,000룩스, 혜란 5,000룩스로 알려져 있다. 그러나 광도계를 가지고 있지 않은 일반 애란인들로서는 룩스가 어느 정도의 밝기인지 가늠하기가 어렵다. 애란인들이 난실의 광도가 얼마쯤 되는지 알아보려 해도 광도계가 없기 때문에 도무지 알 길이 없다.

그럴 때는 정확하지 않지만 대충 알아볼 수 있는 방법이 있다. 대개 가정에는 카메라 한 대쯤 비치해 두고 있다. 요사이는 초심자들도 사진을 찍을 수 있도록 자동카메라가 성행하지만 자동카메라가 아닌 수동이나 수동과 자동을 겸한 반자동카메라로 대충 알 수 있다. 카메라의 셔터 속도를 125분의 1에 고정했을 때 정상 노출이 조리개 11.5로 나왔다고 하면 광도는 5~7만 룩스이며, 조리개 8이면 1만 룩스, 조리개가 5.6 정도면 7,000~8,000룩스가 나온다.

맑은 날이라도 대기중에 수증기가 많이 포함되어 있을 때의 광도가 다르고, 배기가스나 황사현상이 있을 때의 광도가 다르다. 더욱이 서울의 경우 자동차의 배출가스로 인해 햇빛의 강도가 약해지고 있다.

차광 방법

난실에 차광을 하는 것은 기본적으로 햇빛을 차단해 실온을 내리는 데 그 목적이 있다. 그러나 차광률만 높인다고 해서 난이 잘 자라는 것은 아니다. 통풍이 원활한 지상 난실 같은 경우는 별 문제가 없으나 아파트 베란다 같은 좁은 공간에서 통풍이 좋지 못하면 실내의 열 발산을 막아 온도 상승으로 인한 피해를 입기 쉽다. 차광막으로 인한 그늘과 바닥에서 올라오는 열이 만나 열층을 형성하기 때문인데, 차광 효과를 극대화하기 위해서 통풍을 원활하게 하고 실내 온도를 낮추기 위한 조치를 함께 병행해야 할 것이다.

차광막을 친 바로 밑과 어느 정도 떨어진 지점(보통 70센티미터 이내)까지는

차광막에 표시된 것보다 차광률이 미달되는 것이 보통이다. 이 점을 고려하여 가능한 한 차광 재료를 난분에서 멀리 설치하도록 해야 한다. 흔히 아파트 베란다 같은 좁은 공간에서는 부족한 햇빛을 보충하고자 난대를 바깥 창 쪽으로 붙여 놓는 경우가 많은데, 여름철 광량이 너무 많을 때는 난대를 베란다 내벽 쪽으로 설치하는 것도 고려해 볼 만하다. 지상 난실의 경우도 천창에서 어느 정도 거리를 두고 차광막을 치는 것이 바람직한데 이는 바람과 그늘을 동시에 만들어 주기 때문에 통풍에도 효과적이다. 기존에 설치한 차광막 위에 차광막을 한 겹 더 치거나 차광률이 낮은 차광 재료를 여러 겹 사용하는 것도 좋은 방법이다.

같은 종류의 난이라도 난의 특성에 따라 차광의 정도를 달리해야 한다는 것도 유념해야 한다. 그리고 세엽성의 난이 광엽성의 난보다, 입엽성의 난이 수엽성의 난보다 많은 빛을 요구하는 것으로 알려져 있다. 따라서 이런 난들은 난실 내에서도 햇빛의 양이 많은 곳에 배치할 필요가 있다.

일반적으로 차광은 빛을 가리는 것이라고 생각하기 쉬우나 이는 잘못된 생각이다. 오히려 난에게 필요한 만큼의 햇빛을 주기 위한 것이라고 이해하는 것이 옳을 것이다.

단순히 햇빛만 가리는 것이 아니라 차광 재료, 난실 환경 및 난 각각의 특성을 파악하여 바람직한 차광을 하여야만 난의 생육에 적합한 환경을 만들 수 있다.

아파트 베란다의 차광에 검은 차광막을 사용하지 않는 것은 순전히 외관상 보기가 좋지 않기 때문이며, 그 대신 파란색 장식용 망으로 차광막을 대신하고 있다. 이외에 블라인드 커튼으로 차광하는 경우가 있다. 블라인드 커튼은 외관상 좋지만 태양이 이동하는 방향에 따라 햇빛이 들어오는 간격이 달라지고, 햇빛을 받으면 금속으로 만들어진 블라인드 커튼의 온도가 올라가는 단점이 있다.

결론적으로, 아파트 난실의 차광은 대발 1매를 치는 정도가 좋다고 보는데, 대발이나 차광막을 침으로써 통풍이 불량해지지 않도록 해야 한다. 다만 유리창이나 방충망 위에 발을 치게 되면 난실이 다소 어두운 감이 없지 않다. 그럴 때는 발의 살을 드문드문 빼면 광선이 잘 들어올 뿐만 아니라 통풍도 잘 되는 좋은 결과를 얻을

수 있다. 그런 점으로 미루어 보아 최근 애란인들의 난실은 대체적으로 차광이 잘 되어 있으나 다만 대발을 안쪽에 칠 수밖에 없는 구조상의 문제로 온도 상승에 대한 대비책을 강구해야 할 것으로 본다.

산상 재배는 일교차를 이용

앞서 기술한 바와 같이 열대성 식물은 38도의 고온까지 광합성을 한다고 한다. 그리고 식물은 온도가 높을수록 숨가쁘게 호흡 작용을 한다. 주간에 광합성으로 생성해 놓은 탄수화물을 저녁에 호흡으로 소모하게 되는데 고온이 되면 호흡량이 많아져서 낮에 만들어 놓은 탄수화물의 생산량보다 호흡으로 소모하는 탄수화물의 소비량이 많아 살아가는 데 필요한 탄수화물이 부족하게 되고 이로 인해 난은 허약해진다.

지금까지 애란인들은 낮에 온도가 올라가는 것을 막기 위해 창문을 활짝 열고 차광막을 이중으로 치거나 선풍기를 가동하거나 땅에 물을 뿌려 주고, 수막(水幕) 시설로 지붕 위로 물을 흘려 난실 온도를 내리거나 혹은 에어컨을 가동시키는 등 온갖 방법을 동원해 왔다. 이같이 주간의 난실 온도를 내리는 데 신경을 쓰게 되는데 낮에 온도를 내린다면 저녁 온도도 함께 내려 주어야 한다. 적어도 7도 이상 일교차를 주어야 하는데 가령 주간의 외기 온도가 34도까지 올라갔을 때 에어컨으로 27도까지 난실 온도를 내렸다고 한다면 에어컨을 사용하지 않은 밤 온도가 25도 이상인 열대야일 때는 일교차가 거의 없는 상태가 되며, 만일 밤에도 에어컨을 가동한다면 일교차를 주기 위해 밤 온도를 20도 정도까지 내려 주어야 한다. 밤 온도를 20도 정도까지 내리게 하는 것은 엄청나게 힘들며 비용도 많이 든다.

그보다는 낮에는 온도가 올라가도록 자연에 맡기고 일몰 후의 온도를 내려 주는 것이 낮에 온도를 내리는 것보다는 수월하고 효과적이라 할 수 있다. 외기 온도가 34도일 때 낮에 에어컨을 가동하지 않고 저녁에 7～10도 정도 온도를 내려 주면 비용도 적게 들고 난에도 좋다. 수막시설도 낮에 작동하게 되면 온도가 그다지 많이 내려가지 않고 비용이 많이 들며, 과다한 습도로 난실 안이 후텁지근하여 좋지 못하다. 그 대신 저녁에 수막으로 물을 내리면 지하수의 시원한 물 온도로 온도 하강이 잘 되고 저녁에 습도가 많아져서 난의 생육에 좋다.

한창 더위 때 난을 산에 가지고 가서 산상(山上) 재배를 하는 것은 더위를 피한다기 보다는 평지보다 밤온도 하강률이 큰 산상의 일교차를 이용하기 위한 것이다. 지금도 한국재배자협회에서는 양란의 산상 재배를 하고 있다.

비닐하우스의 경우 겨울의 보온과 여름의 직사광선을 피하기 위해 지붕에 캐시밀론 솜을 넣은 것을 사용하고 있는데 이를 통과한 광선은 자외선이 거의 차단되기 때문에 난실이 밝다 하더라도 난 배양에는 좋지 않다.

그런데 우리나라 애란인들은 비교적 난을 어둡게 키우고 있는 느낌이다. 난실 광도를 재어보면 5,000 룩스 정도가 된다. 그것도 직사광선이 아닌 비닐을 통과한 산란광(散亂光)이다. 춘란은 1만 룩스 정도의 광도에서 배양해야 한다고 하는데 5,000 룩스 정도에서 배양하는 난은 광선 부족이 된다. 광도가 높으면 노대가 빨리 나고, 잎이 옆으로 눕고, 무늬가 바래는 단점이 있기 때문에 엽예품 중심으로 배양하는 애란인이나 상품가치를 유지시키기 위한 상인들은 난실을 어둡게 하고 있는 것 같다.

한편, 1만 룩스 정도에서 배양을 하면 난이 건실해지고 소독작용을 하는 광선으로 병에도 잘 걸리지 않고 번식도 잘 된다. 다만 온도가 올라가지 않도록 환기시설을 잘 하고, 야간온도를 내려 주는 방법을 강구해야 할 것이다. 갑자기 광도를 올리면 급격한 환경변화로 노대가 많이 나오지만 밝은 난실에 익숙해지면 난은 밝은 환경에 적응하게 된다. 갑자기 환경을 바꾸어 생긴 노대는 난이 죽는 것이 아니며 곧 새 촉이 나오므로 걱정할 필요는 없다.

건강한 난을 키우기 위해서는 난실을 좀더 밝게, 그리고 약하나마 양질의 직사광선을 주도록 노력하는 것이 건강한 난을 배양하는 기본이다.

부록

12개월 난관리 도표 | 난을 구할 수 있는 곳

Orchid Orchid Orchid Orchid Orch

1월의 난관리 도표

종류 및 품종	두는 장소	온도	햇빛	물주기
춘란	찬바람이 차단되는 아늑한 난실이나 햇빛이 잘 들어오는 실내에 둔다.	지나치게 보온에 신경쓰면 좋지 못한 결과가 생기므로 평균 5도 정도를 유지하고, 최저 0도도 무방하다.	유리나 비닐을 통해 들어오는 햇빛을 쬐어도 무방하다. 단, 꽃망울이 부풀어 오른 분은 어두운 곳에 두어 꽃 빛깔을 맑게 관리한다.	화장토가 마르는 것을 기준으로 하여 온실에서는 10일에 1회 정도, 실내에서는 건조하므로 5~7일에 1회 물을 준다.
한란	온도와 습도의 변화가 거의 없는 냉랭한 느낌이 드는 곳에 둔다.	실내에서는 가온할 필요가 없지만 최저 온도가 5도 이상을 유지하도록 한다.	오전중의 햇빛은 그대로 쬐어도 무방하지만, 오후의 햇빛은 차광하여 준다.	5~7일 간격으로 맑게 갠 날 오전중에 미지근한 물을 흠뻑 준다.
보세란	햇빛이 잘 드는 양지바른 곳에 둔다.	실내에서는 가온할 필요가 없지만 최저 온도가 5도 이상을 유지하도록 한다.	잎이 상하지 않을 정도로 간접 광선을 쬔다.	실온의 물로 오전중에 마르면 주고, 춘란이나 한란보다 수분을 더 필요로 한다.
건란류 (옥화, 건란, 소심 등)	햇빛이 잘 드는 곳이면 좋다.	최저 5도, 최고 15도로 유지하면 이상적이다.	오전 햇빛을 유리창 너머로 충분히 쬐어 준다.	온도가 낮아짐에 따라 점차 횟수를 줄이는데, 마르면 주는 것이 원칙이다.
금릉변	오전중에 직사광선이 들어오는 장소가 좋다.	포기가 얼지 않을 정도의 온도가 적당하다.	간접 햇빛은 쬐어 준다.	〃
풍란 · 석곡	햇빛 · 통풍이 순조로운 곳으로 지상 60센티미터의 높이가 좋다.	최저 5도 안팎을 유지하며, 0도 이하로 떨어지지 않도록 한다.	될 수 있는 한 햇빛을 충분히 쬐어 준다.	습도가 유지되면 주지 않아도 무방한데, 물을 준 날은 햇빛을 충분히 쬐어 준다.
카틀레야	한낮에는 햇빛이 잘 들어오는 곳이면 좋다.	실온이 20도를 넘지 않도록 유의하고 야간 온도는 5~10도 정도를 유지한다.	충분히 쪼이되 유리창 너머로 직광을 받으면 잎이 타는 수가 있으므로 레이스 커튼 등으로 차광한다.	따뜻한 날 오전 10~12시 사이에 5~6일에 1회 정도로 물을 준다.
심비디움	하루 종일 햇빛을 잘 받을 수 있는 곳에 둔다.	다른 양란보다 내한력(耐寒力)이 강한 편이며, 생장 적온은 20도 내외이다.	햇빛이 드는 창가에서 충분히 쬔다.	휴면기이지만 물은 쉬지 않고 필요하므로 마르면 준다.
파피오페딜리움 덴드로비움 온시디움	야간 온도가 상당히 내려가 있으므로 보온에 신경쓴다.	알맞은 온도는 10~25도 정도이다.	겨울은 일조가 약하므로 일광 부족이 되지 않도록 햇빛을 쬐어 준다.	〃
반다	햇빛을 상당히 좋아하는 편이므로 종일 햇빛이 드는 곳이나 온실에 두는 것이 좋다.	야간 온도에 유의하고 온실에서 가꾼다. 고온을 좋아하므로 최저 15도 이상을 유지한다.	〃	온도를 높게 유지하는 경우는 자주 물을 주고, 온도가 낮은 곳에서는 약간 건조한 기미가 있으면 준다.

습도	비료	소독	통풍	기타
통상 습도를 유지하고 건조할 경우는 아침·저녁으로 분무해도 무방하다.	월동 중에는 거름을 일절 주지 않아도 된다.	휴면기, 또는 낮은 온도로 병해충 발생의 위험이 없기 때문에 실시하지 않는다.	추위에 강한 편이나 찬바람을 맞히지 말고 내한성을 키워 주면서 적응시킨다.	될 수 있는 한 최저 0~5도의 저온에서 관리한다.
공기 속에 알맞은 습기가 함유되어 있는 상태로 만들어 준다. 60~70퍼센트 정도가 적당하다.	비료를 주지 않는다.	실시하지 않는다.	〃	5도 이하로 내려가지 않도록 한다.
〃	〃	〃	건조하고 차가운 환경에 놓이면 잎이 말라들어 생기를 잃어버리므로 유의한다.	절대로 얼지 않도록 한다. 5도 이상 유지.
습도가 부족하면 따뜻한 날 오전중에 엽면 살포한다.	〃	〃	맑게 갠 날의 적절한 통풍 외에 건조한 찬바람이 직접 닿지 않게 한다.	겨울의 고사는 추위보다 건조에 의해 일어나는 경우가 많으므로 주의한다.
〃		〃	순조롭고 원활하게 통풍이 이루어지게 한다.	온실 속에서는 다른 동양란과 같이 다룬다.
60~70퍼센트 정도.	〃	〃	건조한 찬바람이 잎에 닿지 않게 유의한다.	온실 재배시 가온하지 말고 얼지 않을 정도의 보온으로 충분하다.
〃	비료는 주지 않는 것이 좋다. 뿌리를 썩게 하는 주요인이 되기 때문이다.	양란은 적온에서 별도관리하는 것이 원칙이므로 생장온도에서는 살균·살충제를 살포한다.	약간의 미풍은 좋지만 찬바람이 잎에 닿지 않도록 한다.	개화한 난은 15도 전후에서 습도가 유지되면 꽃이 오래 간다.
온도가 낮아지므로 습도를 낮추어 주는 것이 좋다.	〃	〃	통풍이 순조롭도록 유의한다.	월동 온도에 따라서 꽃의 색깔이나 그루의 상태가 달라지므로 주의한다.
〃	〃	병충해는 거의 발생하지 않는다.	건조한 찬바람이 잎에 직접 닿지 않도록 주의한다.	난방기구의 뜨거운 바람이 직접 닿는 장소는 피한다.
60~70퍼센트 정도.	〃	〃	통풍을 즐기는 편이므로 자연스럽게 공기가 통할 수 있게 한다.	겨울에는 병이 나지 않으나, 물·온도·습도 부족이 되면 포기가 시들해져 누렇게 된다.

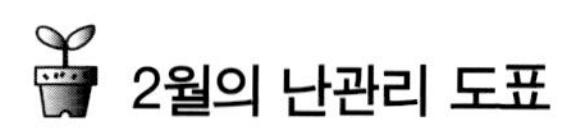

2월의 난관리 도표

종류 및 품종	두는 장소	온도	햇빛	물주기
춘란	찬바람이 차단되는 아늑한 난실이나 실내 등 햇빛이 잘 드는 곳에 둔다. 중순 이후에는 빛의 양을 늘린다.	평균 10도 정도를 유지한다.	되도록이면 많이 쬐어 주나 꽃망울이 부풀어오르는 그루는 어두운 곳에 두어 꽃 빛깔을 맑게 한다.	온실에서는 10일에 1회정도 물을 주고, 실내에서는 건조하므로 1주일 또는 5일 이내에 마르면 준다.
한란	온도와 습도의 변화가 거의 없고 냉랭한 느낌이 드는 곳에 둔다.	춘란보다 약간 높은10~15도 사이에서 관리한다.	오전 햇빛은 그대로 쬐어도 무방하지만, 오후에는 햇빛에 직접 노출되지 않도록 차광한다.	춘란과 같이 하여 마르면 주는 것이 원칙이다. 실온의 물을 오전중에 준다.
보세란	양지바른 곳에 둔다.	밤의 실온이 10도 이하로 떨어지는 일이 없도록 하고, 최저 10~15도 정도를 유지한다.	잎이 상하지 않을 정도로 간접 광선을 쬐어 무늬의 발색을 돕는다.	실온의 물로 오전중에 마르면 물을 주되 분토가 하얗게 말랐을 때 흠뻑 준다.
건란류 (옥화, 건란, 소심 등)	햇빛이 잘 들고 통풍이 잘 되는 곳에 둔다.	최저 온도 10도 안팎을 유지한다.	간접 햇빛은 쬐어 준다.	따뜻한 날 오전중에 미지근한 물을 마르면 준다.(실온과 비슷한 온도)
금릉변	오전중에 직사광선이 들어오는 장소가 좋다.	최저 온도 15도 이상으로 유지한다.	오전 햇빛을 유리창 너머로 충분히 쬔다.	〃
풍란 · 석곡	햇빛이 잘 들고 통풍이 좋은 곳에 둔다.	가온을 할 필요가 없으며 최저 10도 이상 유지한다.	햇빛을 많이 쬐어도 무방하다.	습도가 유지되면 주지 않아도 되며, 물을 준 날은 오후까지 마르도록 충분히 햇빛을 쬐어 준다.
카틀레야	한낮에는 햇빛이 잘 들어오는 곳이 적당하다.	실온이 20도를 넘지 않도록 하고 야간 온도는 10~15도 정도를 유지한다.	충분히 쪼이되 직사광선을 받으면 잎이 타는 수가 있으므로 레이스 커튼 등으로 차광한다.	따뜻한 날 오전 10~12시 사이에 5~6일에 1회 정도로 물을 준다.
심비디움	하루 종일 햇빛을 잘 받을 수 있는 곳이 적당하다.	다른 서양란보다 추위에 강한 편으로, 생장에 적당한 온도는 20도 내외이다.	오전중에는 햇빛을 충분히 쬐어 준다.	심비디움은 물주기가 연중 지속되어야 하므로 1~2주에 1회씩 마르면 준다.
파피오페딜리움 덴드로비움 온시디움	〃	강추위가 계속되면 뿌리가 썩거나 약해져 잎이 떨어지므로 최저 15도를 유지한다.	일광 부족이 되지 않도록 유의하고, 실내에서 재배할 경우 레이스 커튼으로 차광한다.	4~7일 간격으로 1회 실시하되, 따뜻한 날 오전중에 준다.
반다	햇빛을 상당히 좋아하는 편이므로 종일 햇빛이 잘 드는 곳이나 온실에 둔다.	야간 온도가 내려가는 일이 있으므로 온실에서 가꾸는 것이 좋다. 최저 15도 이상을 유지한다.	겨울에는 일조가 약하므로 일광 부족이 되지 않도록 유의한다.	온도를 높게 유지하는 경우는 건조해지지 않도록 5일에 1회 정도 물을 주고, 온도가 낮은 곳에서는 약간 건조한 기미가 있으면 준다.

습도	비료	소독	통풍	기타
65~75퍼센트 정도를 유지하고, 건조할 경우는 아침 · 저녁으로 분무해 준다.	중순 이후가 되면 성장이 시작되므로 액체 비료를 3,000배 정도로 희석해 주면 성장에 도움이 크다.	예방적으로 월 1~2회 정도 살포한다.	추위에는 강한 편이지만 바깥 기온은 쌀쌀하므로 찬바람이 직접 난에 닿지 않도록 한다.	중순이 되면 중국 춘란류는 대부분 개화한다. 튼튼하지 못한 포기의 꽃은 일찍 잘라 준다.
공기 속에 알맞은 습기가 함유되어 있는 상태로 만들어 준다. 70퍼센트 내외가 적당하다.	비료를 주지 않는다.	〃	춘란보다 추위에 약하므로 찬 공기가 닿지 않도록 유의한다.	잎이 얼었을 경우 갑자기 가온하지 말고 서서히 적응하게 한다.
70퍼센트 정도를 유지하고 오전중에 엷게 분무하여 준다.	가온할 경우에는 엷은 물거름을 월 1회 정도 주어도 무방하다.	살균 · 살충제를 월 1~2회 실시한다.	찬바람이 직접 잎에 닿지 않도록 하되, 공기 이동이 원활하게 한다.	잎에는 직사광선이 닿지 않도록 하고, 분에는 광선이 충분히 비치게 한다.
60~70퍼센트 정도.	〃	〃	〃	밤낮의 온도차가 너무 크지 않도록 주의한다.
〃	비료를 주지 않는다.	맑은 날에 살균 · 살충제를 월 2회 실시한다.	맑게 갠 날의 적절한 통풍 외에 건조한 찬바람이 닿지 않도록 한다.	잎이 상하지 않을 정도의 광선을 쬐어야 무늬의 발색이 좋다.
70퍼센트 정도.	〃	큰병은 발생하지 않으나, 민달팽이의 피해가 우려되니 주의한다.	물을 준 날 오후 늦게까지 습기가 분 속에 남아 있지 않도록 통풍에 유의한다.	물주기를 한 다음에는 특히 빨리 마르도록 환기와 통풍에 유의하여야 한다.
50~60퍼센트 정도.	겨울 동안은 주지 않는 것이 좋다. 뿌리를 썩게 하는 주요인이 되기 때문이다.	서양란은 적온에서도 별도 관리하는 것이 원칙이므로 살균 · 살충제를 살포한다.	약간의 미풍은 좋지만 찬바람이 잎에 직접 닿지 않도록 유의한다.	개화한 난은 15도 전후에서 습도를 적절히 유지하면 꽃이 오래간다.
60퍼센트 정도.	〃	〃	순조롭고 원활하게 통풍이 이루어질 수 있도록 한다.	영양 상태가 좋아 개화가 빠른 것은 12월부터 시작되지만, 지나치게 낮은 온도에서 기른 그루는 개화가 늦고 심하면 꽃이 피지 않는다.
〃	화아가 생긴 포기나 개화한 포기에는 주지 않는다.	살균 · 살충제를 월 2회 정도 살포한다.	〃	가온하면서 난방 기구의 뜨거운 바람이 직접 닿는 장소는 피한다.
60~70퍼센트 정도를 유지한다.	〃	〃	통풍을 즐기는 편이므로 자연스럽고 원활한 통풍이 이루어질 수 있도록 한다.	물 · 온도 · 습도가 부족하면 포기가 시들해져 누렇게 되므로 유의한다.

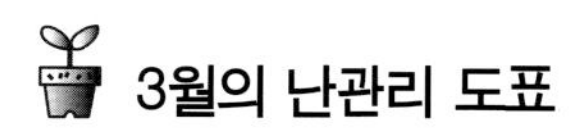

3월의 난관리 도표

종류 및 품종	두는 장소	온도	햇빛	물주기
춘란	바깥 기온은 차므로 찬바람이 차단되는 난실이나 실내의 햇빛이 잘 드는 곳에 둔다.	하순으로 접어들면 햇빛이 꽤 강해지고 대낮에는 외부 온도도 높게 상승하므로 천창이나 곁창을 열어 둔다.	겨울잠을 취하고 있던 난을 갑자기 햇빛에 쬐면 잎면이 타기 쉬우므로 주의해서 채광한다. 아침 햇빛은 충분히 쬔다.	점차 분토의 건조가 심해지므로 월동기보다 물주기 횟수를 약간 늘린다.
한란	온도와 습도의 변화가 거의 없고 그늘진 곳에 둔다.	실내 온도가 20도를 넘지 않도록 한다.	오전 햇빛은 그대로 쬐어도 무방하지만, 오후의 햇빛은 한두 장 정도의 갈대발로 차광한다.	춘란과 같이 하며 마르면 주는 것이 원칙이다. 실온의 물을 오전에 준다.
보세란	가급적 실내에 두어 서리를 맞지 않게 하고 양지바른 곳에 둔다.	서서히 외부 기온에 적응시켜 나가는 것도 좋지만, 밤의 실온이 10도 이하로 떨어지지 않게 한다.	잎이 상하지 않을 정도로 간접 광선을 쬐게 하여 무늬의 발색을 돕는다.	마르면 오전중에 실온의 물로 주되, 3일에 1회 정도 실시한다.
건란류 (옥화, 건란, 소심 등)	실내 온도가 높은 곳에 두어 다음의 개화에 도움이 되도록 한다.	최저 온도 15도 안팎을 유지하여야 올해의 성장에 이롭고 꽃을 관상할 수 있다.	아침 햇빛은 충분히 쪼이고 대낮에는 갈대발 한 장 정도로 차광한다.	물주기 횟수를 늘려 분이 마르지 않도록 하되, 무늬란은 다소 습하지 않게 한다.
금릉변	오전중에는 직사광선이 들어오는 장소가 적당하고 꽃이 핀 것은 실내에서 감상한다.	최저 15도 이상으로 유지한다. 온도가 높을수록 꽃이 잘 핀다.	오전중의 햇빛은 충분히 쪼이되, 대낮의 직사광선은 피한다.	따뜻한 날 오전중에 실온의 물을 마르면 준다.
풍란 · 석곡	햇빛이 잘 들고 통풍이 좋은 곳에 둔다.	자연 온도로도 무방하지만, 야간의 저온에는 특히 주의한다.	오전중의 햇빛을 유리창 너머로 충분히 쬔다.	2~3일에 1회 실시하되, 물을 준 날은 오전까지는 마르도록 충분히 빛을 쬔다.
카틀레야	봄볕이 제법 따스하지만 밤의 기온이 내려가고 서리가 내리므로 온실에 두는 것이 안전하다.	낮에 기온이 급상승하지 않게 주의하고 야간에는 보온한다. 최저 온도도 12도 이상으로 한다.	꽃이 피는 시기이므로 직사광선은 쬐지 말고 엷게 차광한다.	분 속의 수분 증발이 심해지므로 3~4일에 1회 정도 마르면 준다.
심비디움	꽃이 피어 있는 품종은 직접 바람이 닿지 않는 온실이나 실내에 둔다.	실온보다 온도를 높여서 빨리 싹이 나올 수 있게 만들어 준다. 최저 10도, 최고 30도를 넘지 않게 한다.	봉오리째 햇빛을 쬐면 꽃색이 나빠지므로 꽃봉오리가 뻗고 난 뒤 채광한다.	그루의 생장이 활발해지는 시기이므로 겨울에 비해 횟수를 늘린다. 2~3일에 1회 정도.
파피오페딜리움 덴드로비움 온시디움	최저 기온이 10도를 넘으면 구름낀 날에 밖에 내놓고 저녁에 들여놓는다.	너무 고온이면 꽃눈이 분화하지 않으므로 낮의 기온에 유의한다.	오전중의 햇빛을 충분히 쬔다.	실내에서는 3~5일 간격, 실외에서는 표면이 하얗게 마르면 준다.
반다	햇빛을 상당히 좋아하는 편이므로 종일 햇빛이 드는 곳이나 온실에 둔다.	최저 15도 이상의 온도로 관리하는 것이 좋다.	일광을 즐기는 편으로, 일조량이 적으면 꽃색이 나빠지므로 충분히 햇빛을 쬔다.	2~3일에 1회 정도 물을 준다.

습도	비료	소독	통풍	기타
70퍼센트 내외가 적당하다.	서서히 거름을 주기 시작하는데, 월 2회 정도 엷게 희석해서 실시하며 꽃이 있는 난은 삼간다.	실내 온도가 높아짐에 따라 병균 등이 서서히 발생하기 시작한다. 월 1~2회 정도 주기적으로 살균한다.	물주기를 늘리고 습도를 높게 유지하는 시기이므로 과습에 신경을 쓰고, 자연풍이 드나들게 한다.	채광보다 환기에 신경을 써서 실내 온도가 지나치게 높아지는 것을 막고 하순경부터 분갈이를 실시한다.
70~80퍼센트 정도를 유지한다. 건조하면 오전 중에 분무한다.	10~15일 간격으로 묽게 희석한 액체 비료를 물 대신 준다.	깍지벌레가 발생하기 쉬우므로 약제를 1,000배 정도로 희석해서 뿌려 준다.	급격히 온도가 오르기 쉬우므로 원활하게 통풍시켜 기온을 떨어뜨린다.	새 촉이 움직이기 전에 분갈이를 실시한다.
70퍼센트 정도를 유지하고 오전중에 엷게 분무하여 준다.	〃	다소 고온을 유지하므로 월 2~3회 정도 소독한다.	통풍이 지나치면 새 촉이 굳어버리므로 유의한다.	3~4촉 이상으로 포기를 나누며 4월 하순경까지 한다.
분토가 마르지 않게 충분한 습도를 유지한다.	무늬란의 경우 새 촉이 자랄 때는 비료 주기를 중단한다.	월 1~2회 소독한다.	대낮에 환기를 시킬 때는 외부 기온이 떨어지기 전에 창문을 닫는다.	분갈이 후, 사용한 분은 직사일광에 쬐어 살균 소독한 다음에 쓴다.
70퍼센트 정도를 유지한다.	꽃이 피어 있어도 월 2회 정도 잿물을 준다.	진드기나 달팽이에 주의해서 월 1회 소독한다.	꽃이 피면 지나친 통풍은 피한다.	꽃이 핀 포기는 진 뒤에 분갈이를 실시한다.
새 촉과 꽃이 너무 마르지 않게 한다. 뿌리를 노출시키고 있으므로 공중 습도를 높인다.	엽면살포용 비료를 2~3회 엷게 액체 비료로 준다.	풍란은 달팽이를 조심하고, 석곡은 월 2~3회 정도 소독한다.	뿌리에 공기가 시원스레 드나들게 한다.	물주기를 한 다음에는 빨리 마르도록 특히 환기와 통풍에 유의한다.
공중 습도를 높여 줄 필요가 있다. 60~70퍼센트 정도를 유지한다.	엷은 액체 비료를 월 1~2회 주어 충분한 영양을 공급한다.	병충해가 생기기 시작할 무렵이므로 월 2회 정도 살균·살충한다.	봄볕으로 온도가 올라가기 쉬우므로 창문을 열어 통풍을 원활하게 한다.	새 눈이나 새 순이 발견되면 분갈이를 바로 실시하되, 꽃이 핀 것은 진 뒤에 한다.
〃	엷은 액체 비료를 월 2~3회 주어 충분한 영양을 공급한다.	이른봄에는 잎 뒷면에 진딧물류가 발생하기 쉬우므로 뒷면을 잘 관찰해서 만약 발생했을 때는 약을 살포한다.	창문 등을 개방하여 신선한 바람을 쐬며 통풍을 좋게 한다.	분갈이는 꽃을 잘라낸 뒤 곧 바로 하는데, 온실에서 자란 그루는 2~3월경, 나머지는 3~4월경에 실시한다.
새 순에는 공중 습도가 필요하다. 항상 습도 유지에 유의한다.	새 촉이 자라기 시작하면 2,000배로 희석한 액체 비료를 월 2회 준다.	봄철은 깍지벌레·민달팽이·응애류 등이 움직인다. 월 2회 정도 살충한다.	순조롭고 원활한 통풍이 이루어질 수 있도록 한다.	최저 온도가 10도 이상이 되면 분갈이를 실시한다.
다습한 지역에 자라므로 70~80퍼센트 정도의 습도를 유지한다.	1,500~2,000배로 희석한 엷은 액체 비료를 주 1회 정도 준다.	백견병에 특히 유의하고 월 2회 소독한다.	〃	분갈이 때 뿌리 끝이 다치지 않도록 주의한다.

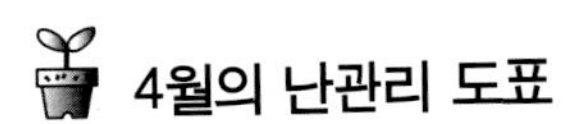

4월의 난관리 도표

종류 및 품종	두는 장소	온도	햇빛	물주기
춘란	기온의 변동이 심하므로 외부 공기와 직접 접촉시키지 말고 햇빛이 잘 드는 곳에 둔다.	한낮의 기온이 30도를 넘지 않게 환기를 시키고, 야간은 10도 정도 유지한다.	오전중의 햇빛은 충분하게 쬐어 주고, 오후의 강한 광선은 발을 쳐서 차광한다.	새 촉이 자라나는 시기이므로 물주기 횟수를 늘리되 과습하지 않게 환기를 자주 시킨다.
한란	온도와 습도의 변화가 거의 없고 그늘진 곳에 둔다.	낮에는 30도가 넘지 않게 하고, 야간은 10~20도가 적온이다.	강한 햇빛을 쬐면 잎이 누렇게 변하고 윤기가 없어지므로 발을 쳐 준다.	마르면 주는 것을 원칙으로 하여 실온의 물을 흠뻑 준다.
보세란	양지바르고 통풍이 잘 되는 곳에 둔다.	서서히 외부 기온에 적응시켜 나간다.	오전중의 햇빛을 충분히 쬐어 무늬의 발색을 돕되, 직사광선은 피한다.	생장기이므로 물주기 횟수를 늘려 2~4일 간격으로 오전중에 실시한다.
건란류 (옥화, 건란, 소심 등)	온도가 높은 곳에 두어 가을의 개화에 도움이 되게 한다.	야간 온도가 10도 이하가 되지 않도록 한다.	채광량을 높여 주어도 무방하지만 무늬란은 차광한다.	물주기 횟수를 늘려 충분히 주되 무늬란은 습하지 않게 한다.
금릉변	통풍이 좋고 채광이 충분한 곳에 둔다.	온도가 높아야 꽃이 잘 핀다.	햇빛을 충분히 쬐어 주어야 특유의 광택이 살아난다.	마르면 주는 것을 원칙으로 물을 줄 때는 흠뻑 준다.
풍란 · 석곡	실내나 실외 어느 곳이든 햇빛이 잘 들고 통풍이 좋은 곳에 둔다.	자연 온도로도 무방.	무늬종은 햇빛을 충분히 쬐어야 무늬가 선명해진다. 직사광선은 차광한다.	맑은 날 오전중에 주고 오전까지 마르도록 충분한 햇빛을 쪼인다.
카틀레야	낮의 햇빛이 강해져도 밤에는 기온이 내려가는 경우가 있으므로 온실에 둔다.	낮의 온도가 급상승하지 않게 주의하고, 야간에도 15도 이상을 유지한다.	햇빛에 차츰 길들여지도록 하고, 꽃이 피는 것은 직사광선을 차광한다.	분 속의 물기가 급히 마르므로 2~3일에 1회 정도 물을 준다.
심비디움	햇빛이 잘 들고 통풍이 좋은 곳이 적당하다.	기온의 변동이 심하므로 온도에 유의하고, 야간은 최저 10도 이상을 유지한다.	햇빛을 좋아하므로 충분히 채광시킨다.	새 촉이 나오기 시작하면 건조하지 않도록 신경을 쓴다. 2~3일에 1회 정도.
파피오페딜리움 덴드로비움 온시디움	추위에 강한 편이므로 실내 · 실외 어디나 무방하다.	최저 온도가 20도 이상이면 꽃눈이 나오지 않는 경우도 있다.	오전중에 햇빛을 충분히 쬔다.	수태 표면이 마르는 것을 기준으로 준다.
반다	꽃눈이 자라는 시기이므로 급격한 환경 변화는 좋지 않다.	최저 15도 이상을 유지한다.	강렬한 햇빛을 좋아하므로 충분히 햇빛을 쪼인다.	물이 부족하면 수명이 짧아지는 경우가 있으므로 뿌리나 잎에 충분히 준다.

습도	비료	소독	통풍	기타
70~80퍼센트 정도를 유지한다.	월 2~3회 정도 엷게 희석하여 비료를 준다.	온도의 상승과 함께 병해충의 발생이 잦으므로 월 2회 정도 살균 · 살충제를 살포한다.	온도가 높아지고 물주기 횟수도 늘어나므로 충분한 통풍으로 적절한 습도를 유지해 준다.	늦게 핀 춘란의 꽃대를 자르고 정양(靜養)시켜 주며, 필요에 따라 포기나누기를 실시한다.
70퍼센트 정도를 유지하고 건조하면 분무기로 엽면 분무한다.	월 2~3회 정도 엷게 비료를 준다.	살균 · 살충제를 월 2회 정도 뿌려 주되, 새 촉에 닿지 않도록 유의한다.	온도가 급격하게 높아지기 쉬우므로 통풍을 원활하게 해준다.	분갈이하지 않은 것은 중순까지 끝마친다.
분토가 마르지 않게 충분한 습도를 유지한다. 최저 60퍼센트 정도.	생장 초기에는 비료 주는 것을 다소 억제하고, 무늬가 어느 정도 선명해지면 정상적으로 비료 주기를 실시한다.	깍지벌레가 생기기 쉬우므로 유의하고, 월 2회 정도 살균 · 살충제를 실시한다.	온실 내의 온도가 30도 이상이 되면 창문을 활짝 열어서 환기를 시킨다.	분갈이 한 분은 그늘진 곳에 10일쯤 두었다가 햇빛에 서서히 적응시킨다.
70퍼센트 정도를 유지한다.	새 촉 때에는 비료 주기를 중단한다.	월 1~2회 살균 · 살충제를 살포한다.	빠른 것은 화아분화가 이루어질 때이므로 분 안에 습기가 남지 않게 한다.	중순경까지 분갈이를 끝낸다.
〃	월 2회 정도 엷게 비료를 준다. 잿물을 1회 뿌려 주면 더욱 좋다.	〃	꽃이 피었을 때는 세찬 바람이 닿지 않게 한다.	꽃이 핀 것은 실내에서 감상하고, 꽃이 진 뒤에 분갈이를 한다.
60~70퍼센트 정도를 유지한다.	활발한 생장기이므로 묽은 액체 비료 등을 주어 생장을 돕는다.	달팽이, 진딧물이 생기기 쉬우므로 월 2~3회 정도 소독한다.	통풍이 좋을수록 잘 자라므로 환기에 특별히 신경을 쓴다.	〃
〃	서서히 비료를 주기 시작한다. 엷게 희석하여 월 1~2회 준다.	월 2~3회 살균 · 살충을 실시한다.	창문을 열어 환기를 자주 시키고, 분과 분 사이를 넓게 떼어 놓는다.	온실이 너무 덥거나 분이 가까이 붙어 통풍이 나쁘면 새 촉이 검게 썩는 수가 있다.
60~70퍼센트 정도를 유지한다.	꽃눈을 붙이기 위해 양분이 필요하므로 월 2~3회 비료를 주어 충분한 영양을 공급한다.	〃	온도가 높고 통풍이 좋지 않으면 애써 자라난 꽃봉오리가 떨어지고 만다.	꽃을 잘라낸 직후 분갈이 및 포기나누기를 실시한다.
충분한 공중 습도를 유지한다. 건조하면 엽면 분무해 준다.	생장 초기에는 질소분이 많은 비료를 준다. 월 2~3회 정도 실시.	병충해가 생기기 시작하므로 월 2회 정도 살균 · 살충한다.	순조롭고 원활한 통풍이 이루어질 수 있게 한다.	분갈이를 한 분은 반음지에 옮겨 두고 정양시킨다.
다습한 지역에 따라 자라므로 70~80퍼센트 정도의 습도를 유지하여 준다.	강한 비료를 싫어하므로 5,000배 가량 희석한 거의 물과 같은 액체 비료를 월 1~2회 주면 충분하다.	백견병에 특히 유의하며 월 2회 실시한다.	반다류는 통풍을 즐기는 편이므로 바람이 잘 통하는 곳에 매달아 놓는다.	어미 포기 자신이 기근을 내고 있으므로 그 기근을 2~3개 붙여서 따로 심으면 곧 생장을 시작한다.

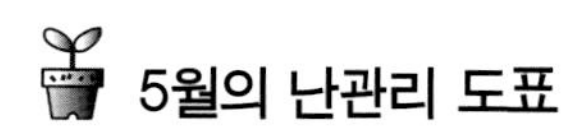

종류 및 품종	두는 장소	온도	햇빛	물주기
춘란	오전에 상쾌한 바람과 햇빛이 충분한 곳에 둔다. 실외 재배가 가능한 시기이나 늦추위에 주의한다.	자연 상태도 무난하며, 온실은 새 촉 보호를 위해 한낮 온도가 30도를 웃돌지 않도록 환기시킨다.	아침의 약한 햇빛은 10시까지 쬐어 주고, 오후의 강한 햇빛은 50퍼센트 차광시킨다.	활발한 생장기이므로 물주는 횟수를 늘리고 과습하지 않게 자주 환기시킨다. 하순 이후부터는 일몰 전후에 준다.
한란	통풍이 잘 되고 오전 햇빛이 잘 드는 곳에 두는데, 이슬비는 무방하나 오래 계속되는 비는 피한다.	낮에는 30도가 넘지 않게 하고, 야간은 10~20도가 되게 한다.	강한 햇빛에 쬐면 잎이 누렇게 변하고 윤기가 없어지므로 차광막을 이중으로 쳐 준다.	무늬란은 비를 맞지 않게 하고, 표토가 마르면 물을 주되 흠뻑 준다.
보세란	통풍이 좋고 직접 비가 닿지 않는 장소이면 실내나 실외 어느 곳이라도 좋다.	무늬란이나 약한 포기는 야간에 보호해 준다. 야간에 10도를 넘으면 실외도 좋다.	무늬란은 차광량을 높이고 일반난은 채광량을 다소 늘려 준다.	〃
건란류 (옥화, 건란, 소심 등)	실외에 내놓은 무늬란의 경우 야간에는 실내로 들인다.	야간 온도가 지나치게 떨어지지 않도록 주의한다.	잎의 신선도를 위해 50퍼센트 정도 차광한다. 햇빛이 너무 강하면 잎이 타버린다.	이슬비는 맞히고 때때로 맑은날 오전중에 준다.
금릉변	통풍이 좋고 채광이 충분한 곳으로 오전 햇빛이 잘 드는 곳이 좋다.	외부 온도로 적당.	햇빛을 충분히 쬐어야 특유의 광택이 살아나는데, 무늬란은 다소 약하게 한다.	1~2일에 1회 정도로 주고, 물이끼에 심은 것은 분째 물에 담근다.
풍란 · 석곡	햇빛이 잘 들고 통풍이 좋은 곳에 두는데, 지면에서 떨어진 곳이 좋고 비를 맞지 않도록 한다.	〃	햇빛에 서서히 적응시켜 잎이 타거나 낙엽이 되는 것을 방지한다.	2~3일에 1회 정도 주지만, 무엇보다도 분이 건조해지는 상태에 따라 준다.
카틀레야	중순이 되면 실외에서 재배해도 무방하나 늦추위에 주의한다.	실외도 무방한데, 추위에 약하므로 야간 온도에 유의한다.	직사광선에 오래 두면 잎의 색깔이 누렇게 변하므로 차광이 필요한데, 오전에는 충분히 채광한다.	2~3일에 1회 정도 준다.
심비디움	채광과 함께 통풍도 잘해 주어야 하므로 실외 재배가 더 좋은 결과를 가져온다.	새 촉이 나면 온도를 실온보다 높여 주는데, 이때 최고 30도를 넘지 않게 한다.	강한 햇빛에 잎이 상하는 것을 막기 위해 햇빛이 부드러울 때만 밖에 내놓고, 차광은 30~50퍼센트 정도 한다.	물을 매우 좋아하므로 1일 1회 흠뻑 준다.
파피오페딜리움 덴드로비움 온시디움	최저 기온이 15도 이상이 되면 실외 재배도 무방하다.	최저 10도 이상을 유지한다.	강한 직사광선을 피하며, 차광량은 30퍼센트가 적당하다.	파피오페딜리움은 항상 수분을 보급하고, 덴드로비움은 건조한 듯이 관리한다.
반다	햇빛을 좋아하므로 햇빛이 종일 드는 곳에 둔다.	최저 20도를 유지하며 외부 온도로도 무방하다.	레이스 커튼을 통하여 충분한 햇빛을 받을 수 있도록 한다.	충분하게 물을 준다.

습도	비료	소독	통풍	기타
습도가 낮아 봄바람에 새 촉이 상하기도 하므로 특히 주의한다. 75퍼센트 정도가 이상적이다.	생장 시기이므로 물주는 횟수와 함께 비료도 충분히 준다. 2,000~3,000배 액체 비료를 월 2~3회 준다.	살충제와 살균제를 월 2회 정도 살포한다.	성장기여서 물주기나 비료 주기가 잦아지므로 통풍에 특히 유의하여 분 안에 습기가 차지 않게 한다.	새 촉이 썩으므로 물이 고이지 않게 하고, 분갈이는 완전히 끝낸다. 일경구화는 맨 위의 꽃이 핀 뒤 1주일 만에 꽃대를 잘라 준다.
70퍼센트 이상의 공중습도를 유지한다.	물거름을 10일 간격으로 준다.	〃	고온다습을 방지하기 위해 통풍을 좋게 하며, 바람이 지나치게 닿지 않도록 주의한다.	새 촉에 물이 고이지 않게 한다.
지나치게 건조하면 잎 모양이 틀어지므로 최저 60퍼센트의 습도를 유지한다.	무늬란 중 어미촉은 비료를 중단하고 작은 촉는 월 1회 실시하며, 분갈이한 분은 10일간 비료 주기를 중단한다.	〃	〃	새 촉에 물이 고이지 않게 주의하고, 분갈이시 필요에 따라 포기나누기도 함께 한다.
뿌리가 굵고 곧으므로 습기가 많아지면 쉽게 물러진다. 최저 60퍼센트 정도를 유지한다.	〃	〃	온실 안의 온도가 30도이상이 되었을 경우 통풍을 원활하게 하여 온도를 낮춘다.	새 촉에 물이 고이지 않게 한다.
온실 밑바닥에 물을 뿌리는 등 공중 습도를 높인다.	분갈이 뒤 1회 정도 실시한다.	병충해에 강하나 월 1회 정도 실시하고, 달팽이를 중점 방제한다.	사방에서 바람이 통하게 한다.	가온하지 않을 경우 5~6월에 꽃이 피는데, 꽃이 진 뒤 분갈이한다.
〃	월 2~3회 실시한다.	특히 석곡은 응애 · 진딧물이 붙기 쉬워 월 2~3회 살충제를 뿌린다.	통풍이 좋을수록 잘 자라므로 환기에 특별히 신경을 쓴다.	꽃을 충분히 감상할 수 있다면 분갈이는 꽃이 진 뒤에 한다.
습한 곳을 좋아하므로 엽면 관수한다.	흡비력이 강한 편이므로 그다지 많은 비료는 필요없고 묽은 비료를 준다.	위험을 줄이기 위해 일조가 강하지 않은 아침 · 오후에 준다.	통풍을 좋아하므로 환기에 주의한다. 통풍이 나쁘면 새 촉이 썩는 수가 있으니 유의한다.	분갈이는 이 달 중에 끝내도록 한다.
70~80퍼센트 정도 습도를 유지한다.	2,000배 정도 희석한 액체 비료를 월 3~4회 준다.	응애류가 발생하기 쉬우므로 응애 살충제를 뿌린다.	바람이 잘 통하는 곳에 두고, 5월 하순에 부쩍 자라면 그루와 그루 사이가 닿지 않도록 한다.	초보자의 경우 벌브 하나에 1촉을 원칙으로 하여 새 촉을제거한다.
파피오페딜리움, 덴드로비움은 70~80퍼센트, 온시디움은 건조하게 관리한다.	1,500~2,000배 액의 액체 비료를 2~3회 준다.	민달팽이를 초기에 구제하고, 월 1~2회 실시한다.	신선한 바람을 쐬게 한다.	최저 10도 이상이 되면 분갈이와 포기나누기를 실시한다.
습한 상태를 좋아하므로 70~80퍼센트 정도로 유지한다.	약한 액체 비료를 월 2회 정도 준다.	월 2회 정도 실시한다.	바람이 잘 통하는 곳에 둔다.	봄부터 초가을에 걸쳐 꽃이 진 시기를 골라서 언제든지 옮겨심기를 할 수 있는데, 봄에 하는 것이 좋다.

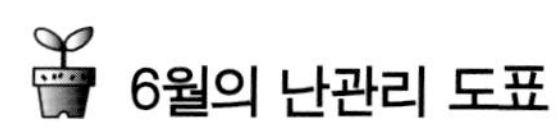

6월의 난관리 도표

종류 및 품종	두는 장소	온도	햇빛	물주기
춘란	통풍이 잘 되고 오전에 햇빛이 잘 드는 곳에 둔다.	본격적으로 고온이 시작되므로 열을 식힐 수 있는 통풍 시설과 차광 시설을 하여 한낮의 기온이 지나치게 급상승하지 않도록 주의한다.	비가 그친 뒤의 강한 직사광선에 잎이 상하기 쉬우므로 50퍼센트정도 차광한다. 무늬가 있는 난은 70퍼센트 정도 차광한다.	건조도를 관찰하여 마른 뒤에 준다. 한낮을 피하여 저녁에 주고, 새 촉 사이에 물이 고이면 문드러지므로 부드러운 붓으로 닦아낸다.
한란	새 촉이 자라는 계절이므로 통풍이 잘 되고 오전 햇빛이 잘 드는 곳에 둔다.	25도 이상으로 급상승하지 않도록 분 주위에 물을 뿌리거나 통풍을 원활히 한다.	오전 10시경까지의 광선이 가장 쾌적하다. 온도의 급상승을 피하기 위해 차광률을 70퍼센트 정도로 늘린다.	〃
보세란	통풍이 잘 되고 오전 햇빛이 잘 드는 곳에 둔다.	분 주위에 물을 뿌리거나 통풍을 원활히 하여 온도가 30도를 넘지 않도록 한다.	50~60퍼센트 정도 차광하고 무늬란은 70퍼센트 정도 차광한다.	〃
건란류 (옥화, 건란, 소심 등)	통풍이 좋고 채광이 충분한 곳에 둔다.	〃	50퍼센트 정도 차광하며 무늬란은 70퍼센트 정도 차광한다.	1주일 정도 물주기를 중단하여 화아분화를 촉진한다.
금릉변	통풍이 좋고 채광이 충분하며 특히 오전 햇빛이 잘 드는 곳이 좋다.	외부 온도로도 적당.	한낮의 뜨거운 광선을 피하기 위해 발을 쳐 준다.	1~2일에 1회 정도 물을 준다.
풍란 · 석곡	꽃이 핀 풍란은 실내 그늘에서 감상한다. 석곡은 실외도 무방한데, 비를 맞지 않게 한다.	〃	석곡은 꽃을 피우기 위해 오전중에 햇빛을 충분히 쬐어 주고 오후에도 20퍼센트 정도만 차광한다.	평균 1일 1회 실시하며, 수태에 심은 것은 수태가 마른 다음에 준다.
카틀레야	통풍이 좋고 오전 햇빛이 잘 드는 곳이 좋다. 실외 재배도 무방한데 비를 맞지 않도록 한다.	〃	햇빛을 좋아하므로 오전에는 충분히 쬐어 주고, 오후에는 잎보호를 위해 30~50퍼센트 차광한다.	배양토가 하얗게 건조하면 주는데, 1년중 물주기를 가장 많이 필요로 하는 시기이다.
심비디움	비를 좋아하므로 밖에 방치해도 좋고, 통풍이 잘 되는 곳에 둔다. 그늘지고 무더운 곳은 꽃눈이 만들어지지 않으므로 유의한다.	생활 적온이 10~25도 정도이므로 외부 온도로도 무방하다.	직사광선에 계속 쪼이면 잎이 상하지만, 햇빛을 좋아하므로 적어도 반나절 이상 햇빛을 받지 않으면 좋은 생장을 할 수 없다.	물을 매우 좋아한다. 항상 새로운 물로 바뀌길 원하므로 여름철 물주기에 유의해야 한다.
파피오페딜리움 덴드로비움 온시디움	실외 재배도 무방한데 비는 피한다.	외부 온도로도 무방.	50~60퍼센트 정도 차광하는데, 온시디움은 30퍼센트 정도 차광한다.	1~2일에 1회 정도 주는데, 파피오페딜리움은 항상 수분 보급을 해야 한다.
반다	하순부터 나무 그늘에 매달아 둔다. 햇빛을 좋아하므로 종일 햇빛이 드는 곳에 둔다.	30도 이상의 고온을 유지한다.	반음지를 형성하여야 하므로 50퍼센트 이상 차광한다.	물을 좋아하므로 뿌리나 잎에도 물을 뿌려 주고 자주 준다.

습도	비료	소독	통풍	기타
차츰 다습해지는 시기이므로 특별히 가습할 필요는 없다. 특별히 건조시에만 유의하는데, 과습하면 병이 발생할 우려가 있다.	성장기이므로 묽은 액체 비료를 월 2~3회 맑은 날 뿌려준다.	병충해가 많이 발생하므로 살균·살충제를 월 2회 살포한다.	통풍이 가장 중요한 시기로 접어든다. 성장기여서 물주기와 비료 주기가 잦아지므로 분 안과 주위에 습기가 차지 않도록 한다.	한낮에 물을 주거나 엽면 분무하면 잎이 타므로 아침·저녁에 물을 준다.
공중 습도를 유지시켜 잎과 뿌리의 성장 균형을 맞춘다.	새 촉이 있으면 월 1~2회 묽은 액체 비료를 주고, 장마에 접어들면 비료 주기를 중단한다.	월 2회 살균·살충을 실시한다. 이때 신아에 약물이 남지 않게 한다.	온도의 급상승을 피하기 위해 창문을 활짝 열어 사방에서 바람이 잘 통하게 한다.	습도·온도에 유의하지 않으면 병충해가 심해진다.
건조하면 잎 모양이 틀어지므로 60퍼센트 이상 유지한다.	새 촉이 자라는 포기는 비료양을 약간 늘려 생장을 촉진한다.	월 2~3회 살균·살충을 하되, 묽게 하여 여러 번 실시하는 것이 좋다.	〃	강한 바람이 직접 잎에 닿지 않도록 한다.
개화주는 다소 건조한 것이 좋다. 고온다습하면 잎이 까맣게 변한다.	개화주는 인산질 비료를 주거나 잿물을 월 1회 정도 준다.	맑은 날 월 2~3회 살균·살충을 실시한다.	온도가 상승하여 고온이 될 경우 꽃싹이 물러지기 쉬우므로 통풍에 유의한다.	한란과 춘란의 화아분화를 위해 1주일간 물주기를 중단하고 햇빛을 충분히 쬐어 준다.
공중 습도를 높인다.	분갈이한 뒤 10일째와 20일째 한 차례씩 엷게 준다.	월 1~2회 살균·살충하며 깍지벌레나 달팽이, 응애를 중점 방제한다.	강한 바람이 꽃에 닿지 않도록 주의하여 통풍한다.	꽃은 1개월 정도 감상하고 자르는 것이 좋다.
석곡은 너무 건조하면 주름이 지므로 주의한다. 공중 습도를 높여 준다.	월 1~2회 표준보다 3~5배 엷게 희석하여 준다.	월 1~2회 실시하며, 특히 석곡은 응애, 진딧물이 붙기 쉬우므로 유의한다.	병충이 성한 시기이므로 통풍에 특히 주의한다. 통풍이 좋을수록 잘 자란다.	통풍이 좋은 나무 밑이나 처마 밑, 서늘하게 반그늘진 곳에 둔다.
분 안이 과습하면 뿌리가 썩으므로 유의한다.	월 2~3회 2,000배의 액체 비료를 주는데, 과다하면 뿌리가 썩는다.	월 2~3회 살균·살충을 실시한다.	통풍이 잘 되고 서늘한 곳에 둔다. 뿌리가 특히 통풍을 좋아하므로 선반 위에 두거나 매단다.	분을 지면에 닿게 두면 과습으로 뿌리가 썩을 수 있으므로 주의한다.
70~80퍼센트 정도의 습도를 유지한다.	월 2~3회 2,000배의 액체 비료를 준다.	〃	통풍이 잘 되게 한다.	〃
자연 습도로도 무방.	월 2~3회 2,000배의 액체 비료를 준다.	월 2~3회 실시하고, 개각충과 민달팽이를 중점 방제한다.	통풍이 생장에 중요하므로 특히 유의한다.	필요한 경우 포기나누기와 분갈이를 행한다.
습한 상태를 좋아하므로 주위나 엽면에 물을 뿌려 70~80퍼센트 정도로 습도를 유지한다.	월 2~3회 정도 준다.	백견병에 유의하고 소독액을 월 2회 준다.	통풍을 즐기는 편이므로 바람이 잘 통하는 곳에 둔다.	성장이 좋은 그루에서는 잎의 기부에서 꽃대가 자라 봉오리가 생긴다. 분갈이하거나 포기나누기를 해도 무방하다.

7월의 난관리 도표

종류 및 품종	두는 장소	온도	햇빛	물주기
춘란	오전 햇빛이 잘 들고 통풍이 원활한 곳에 둔다.	한낮의 고온을 낮추기 위해 통풍을 좋게 하고 발을 쳐서 햇빛으로 인한 온도 상승을 막는다.	오후의 직사광선은 50퍼센트 정도 차광하고, 무늬란은 70퍼센트 정도 차광한다.	한낮을 피하여 서늘한 저녁에 물을 주고 환기를 시켜 새 촉이 상하지 않게 한다. 마르는 것을 기준으로 한다.
한란	〃	생육 적온은 20~25도로, 낮의 온도가 30도를 넘으면 생장이 멈춘다. 차광 시설 및 통풍으로 온도를 낮춘다.	직사광선에 특히 약하므로 발을 이중으로 쳐서 햇빛을 받게 한다. 70~80퍼센트 정도 차광한다.	새 촉에 물이 고이면 고온으로 인해 썩어 문드러진다. 솜으로 닦아내고 선풍기의 미풍으로 말려 준다.
보세란	오전 햇빛이 충분하고 통풍이 좋은 곳에 둔다.	지나치게 고온이 되지 않게 분 주위에 물을 뿌리거나 환기를 시켜 준다.	잎에는 직사광선이 닿지 않게 차광하고, 분에만 직사광선을 쬐면 잎의 무늬가 뚜렷해진다.	잎에 어느 정도 무늬가 뚜렷해지면 물주는 횟수를 점차 줄여나간다.
건란류 (옥화, 건란, 소심 등)	꽃봉오리가 보이는 난은 습도가 조금 높은 곳으로 옮겨 준다.	30도를 넘지 않게 유의하고, 낮과 밤의 온도차를 10도 정도로 하면 이상적이다.	잎이 타지 않을 정도로 햇빛을 충분히 쬐어 준다. 60~70퍼센트 정도 차광한다.	배양토가 마르는 정도에 따라 충분히 물을 주는데, 해가 진 뒤에 실시한다.
금릉변	통풍이 좋고, 오전 햇빛이 충분히 드는 곳이면 적합하다.	30도 이상이면 생장 기능이 약해지므로 20~30도 정도로 유지한다.	강한 광선에 잘 견디지만 직사광선을 오래 쬐면 황변하고 윤기를 잃는다.	이른 아침과 해가 진 뒤에 물을 주고 한낮에는 절대로 삼간다.
풍란 · 석곡	직사광선을 피할 수 있고 통풍이 좋은 곳에 둔다.	30도 이상 올라가면 생장을 멈춘다. 석곡은 야간 온도를 낮추어 뭉그러지지 않게 한다.	장마 뒤 바짝 개인 날 강한 햇빛에 주의하여 50퍼센트 정도 차광한다.	비는 맞히지 말고 물도 될 수 있는 한 줄여 다소 마른 듯이 관리한다.
카틀레아	오전 햇빛이 잘 들고 통풍이 좋은 실외의 나무 밑이나 선반에 매달아 두면 좋다.	더위에 강한 편이나 밤낮의 기온차가 있어야 포기가 튼튼해진다.	발을 쳐서 강한 직사광선을 막아 주는 것이 좋다.	마른 정도에 따라 저녁쯤에 실시한다. 저수 조직이 발달하여 너무 자주 주면 뿌리가 썩는다.
심비디움	고온을 피하여 콘크리트 바닥을 피하고, 직사광선을 직접 닿지 않게 한다.	30도를 넘는 고온에서도 포기가 마르는 일이 없으나, 생장에 적당한 온도는 20~25도이다.	햇빛을 좋아하므로 충분한 채광을 하되, 지나친 직사광선은 계속 쬐지 않도록 한다.	수분의 증발 속도가 빨라지므로 다른 계절보다 물주는 횟수를 늘린다. 통풍이 잘되는 곳에서 하루 1회 실시.
파피오페딜리움 덴드로비움 온시디움	햇빛이 약하고 통풍이 좋은 곳에 둔다.	30도를 넘는 날이 계속되지 않게 한다.	오후의 강한 햇빛은 50퍼센트 정도 차광한다.	거의 매일 주는데, 저녁에 실시한다.
반다	햇빛을 좋아하는 식물이므로 종일 햇빛에 드는 곳에 매달아 둔다. 비는 피한다.	30도 이상의 고온을 유지한다.	광선에는 비교적 강한편이므로 30~40퍼센트 정도 차광한다.	물을 좋아하므로 뿌리나 잎에 골고루 준다.

습도	비료	소독	통풍	기타
공중 습도가 높은 계절이므로 통풍을 활발하게 하여 60~70퍼센트 정도를 유지한다.	무더위로 난이 약화되어 있으므로 비료를 주지 않는 것이 안전하다.	고온다습과 통풍 불량으로 병충의 발생이 우려되므로 월 2~3회 살균 · 살충한다.	온실의 창문을 모두 열어 환기를 시키고, 환풍기를 작동시켜 공기를 순환시킨다.	화아분화 시기이므로 장마가 끝난 뒤 10일 정도 물을 끊고 오전 햇빛을 충분히 쬐어준다.
〃	〃	〃	통풍을 원활하게 하되, 강한 바람은 잎을 상하게 할 염려가 있으니 주의한다.	밤이슬을 맞히는 것이 생장상 좋다.
생장 초기에는 다소 습하게 하고, 후기에 가서는 공기가 건조한 듯하게 관리한다.	〃	〃	창문을 열어 통풍을 원활하게 한다.	화아분화를 실시한다.
최저 60퍼센트 정도를 유지한다.	〃	〃	〃	꽃이 핀 것을 다소 어둡고 서늘한 곳으로 옮기면 오래도록 꽃을 즐길 수 있다.
습도가 높으면 환풍기를 틀어 환기시킨다.	〃	고온다습하면 병해의 염려가 있으므로 월1~2회 살균 · 살충을 한다.	고온다습하지 않도록 충분히 환기시킨다.	오전 햇빛을 충분히 쬐어야 잎의 무늬가 선명해진다.
과습 상태에 빠지는 일이 없도록 주의한다.	월 2~3회 정도 엽면 살포한다.	월 1~2회 정도 살균 · 살충을 실시한다.	통풍이 불량하면 병충해의 우려가 있으므로 환기에 유의한다.	고온다습한 환경에서 통풍이 좋지 않으면 잎과 뿌리가 노화된다.
분 속이 과습하면 뿌리가 썩기 쉬우므로 통풍에 유의한다.	칼륨이나 인산이 많은 비료를 아주 묽게 희석하여 물 대신 주면 효과적이다.	월 2~3회 정도 살균 · 살충을 실시한다. 민달팽이가 발생하면 유인제를 사용하여 방제한다.	통풍이 잘 되도록 하고, 특히 저녁에는 포기 주위에 물을 뿌려 서늘한 바람이 통하도록 한다.	과다한 비료는 뿌리를 썩게 하여 포기 쇠약의 원인이 된다.
70~80퍼센트 정도를 유지한다.	월 2~3회 2,000배의 액체 비료를 준다.	장마 뒤의 무더위에 잎이 쇠약해지기 쉬우므로 월 2~3회 살균 · 살충을 실시한다.	〃	장마 이후의 무더위가 계속될 때 저녁에만 서늘하게 해주면 꽃눈의 수가 늘어나 풍성한 꽃을 즐길 수 있다.
60~80퍼센트 정도를 유지한다.	월 1~2회 실시하는데, 덴드로비움은 특히 삼가거나 아주 묽게 준다.	월 2~3회 실시한다.	통풍이 잘 되게 한다.	최저 온도가 20도 이상 계속되면 덴드로비움의 꽃눈이 나오지 않을 수도 있다.
습한 상태를 좋아하므로 분 주위나 엽면에 물을 뿌려 70~80퍼센트로 유지한다.	월 2회 정도 엽면 살포한다.	백견병에 유의하고 월 2회 정도 소독한다.	통풍을 즐기는 편이므로 사방으로 바람이 잘 통하는 곳에 둔다.	뿌리가 썩을 우려가 있으므로 장마 때의 비는 맞히지 않도록 한다.

8월의 난관리 도표

종류 및 품종	두는 장소	온도	햇빛	물주기
춘란	오전의 햇빛이 충분하고 통풍이 원활한 곳에 둔다.	주간 온도 30도 미만, 야간 온도 20도 정도를 유지한다. 차광과 통풍 조절로 한낮의 고온을 낮춘다.	오전 10시 이후에는 발로써 50퍼센트 정도 차광하되, 무늬란은 발을 이중으로 쳐서 70~80퍼센트 정도 차광한다.	분토가 마르는 것을 기준으로 하여 필히 서늘한 저녁에 물을 주고 환기를 시킨다. 새 촉에 물이 고이지 않게 한다.
한란	〃	지나친 더위로 뿌리가 상하지 않게 하고 때때로 바닥에 물을 뿌려 시원한 환경을 조성해 준다.	직사광선에 매우 약하므로 발을 이중으로 치고, 새 촉의 신장을 위해 분에만 햇빛이 닿게 한다.	새 촉에 물이 고이면 고온으로 인해 썩어 문드러지기 쉬우므로, 솜으로 닦아 주거나 선풍기의 미풍으로 말린다.
보세란	〃	온실 안의 온도가 30도 이상이 되면 난이 크게 약화되므로 발을 치고 환기시켜 고온을 낮춘다.	직사광선은 잎을 태워 본래의 아름다운 무늬를 손상시키므로 발을 쳐서 60~70퍼센트 정도 차광한다.	분토의 건조도를 보고 물을 주는데, 한낮을 피하여 서늘한 저녁에 준다.
건란류 (옥화, 건란, 소심 등)	꽃봉오리가 있거나 꽃핀 난은 다소 어둡고 서늘한 곳으로 옮겨 햇빛과 바람이 직접 닿지 않게 한다.	〃	잎이 타지 않을 정도로만 충분히 햇빛을 쬐어 준다.	분토의 건조도에 따라 충분하게 물을 주고 강한 비는 맞히지 않는다.
금릉변	통풍이 좋고 오전 햇빛이 잘 드는 곳에 둔다.	한낮의 고온은 난을 약하게 하므로 차광, 통풍 및 물주기로 온도를 조절한다.	〃	매일 저녁 충분하게 주고 비가 올 경우에는 배양토의 상태를 살펴보고 실시한다.
풍란 · 석곡	통풍이 좋고 오전 햇빛이 잘 들며 지면에서 떨어진 곳에 매달아 두는 것이 좋다.	석곡은 무더운 밤에 실내에서 뭉그러지지 않도록 유의한다.	오전중에는 충분히 햇빛을 쬐고 오후에는 발을 쳐서 직사광선을 피한다.	한낮의 물주기는 절대로 피해야 한다.
카틀레야	오전 햇빛이 충분하고 통풍이 원활한 곳에 둔다.	30도 이상의 더위가 계속 되어도 무방하지만, 밤기온이 서늘해야 포기가 충실해진다.	오전 햇빛을 충분히 쬐어 주고, 오후의 강한 직사광선은 잎을 변색시키므로 발을 쳐서 차광한다.	배양토의 마르는 정도에 따라 물을 주되 한번 줄 때 충분히 주고, 분 주위에도 물을 뿌려 서늘하게 해 준다.
심비디움	가급적 통풍이 잘 되고 오전 햇빛을 충분히 쬘 수 있는 곳이 좋다.	저녁의 온도를 낮추기 위해 포기뿐만 아니라 주위에도 물을 뿌려 서늘하게 해 준다.	그늘지고 무더운 곳에서는 포기가 무성해지나, 꽃눈이 생성되지 않으므로 오전 햇빛을 충분히 쬐어 준다.	저녁 나절 시원하고 통풍이 잘 되는 곳에서 물을 주고, 주위에도 물을 뿌려 온도를 낮춘다.
파피오페딜리움 덴드로비움 온시디움	오전 햇빛이 잘 드는 곳에 둔다. 파피오페딜리움은 약한 햇빛이 드는 곳에 둔다.	최저 10도에서 최고 30도 사이로 관리한다.	60~70퍼센트 정도의 차광을 해 준다.	하루에 한 번 정도 흠뻑 준다.
반다	장마를 피하여 가급적 옥외 재배를 한다.	한낮 온도가 30도 이상인 고온을 좋아하므로 여름이 성장의 최적기이다.	30~40퍼센트 정도 차광해 준다.	매일 물을 준다. 물을 좋아하므로 뿌리와 잎에 충분히 뿌려 준다.

습도	비료	소독	통풍	기타
건조하지 않게 60~70퍼센트 정도를 유지해 준다.	분갈이한 것과 꽃망울이 있는 것을 제외하고 월 1~2회 실시한다.	예방을 위한 살균 및 살충을 월 1~2회 실시한다.	온실의 모든 창문을 열어 둔 채로 두어 통풍을 원활하게 한다.	분갈이의 적기이므로 필요한 것에 한해 실시하되, 꽃망울이 있는 것은 피한다.
60~70퍼센트 정도를 유지하여 꽃빛깔이 선명해지도록 한다.	꽃대가 있거나 꽃핀 난에는 시비하지 않고, 꽃이 진 것에 월 1~2회 준다.	꽃대가 자라면 민달팽이의 피해가 심해지니 밤에 활동 중인 민달팽이를 잡아 준다.	강한 바람은 피하고 잎가에 미풍이 감돌 정도가 좋다.	꽃대가 한쪽으로 기울어지지 않게 분을 돌려가며 채광을 해 준다.
60~70퍼센트 정도를 유지한다.	10월 하순 전까지 개화 결실용을 월 1~2회 실시한다.	응애류나 개각충 등에 특히 유의하고, 월 1~2회 살포한다.	고온다습하면 병해충이 발생할 우려가 있으므로 통풍에 각별히 신경을 쓴다.	실외 재배시 서리가 내리기 전인 10월 중순에는 실내로 옮겨 주는 것이 안전하다.
〃	〃	예방을 위해 살균 및 살충을 월 1~2회 실시한다.	강한 바람은 피하고 통풍이 원활한 곳이 성장에 도움이 된다.	꽃이 진 난은 분갈이를 실시해도 무방하다.
〃	〃	〃	외기 통풍으로도 무방한데, 서리가 내릴 때에는 발을 치거나 창문을 닫아 둔다.	비는 맞히지 않는 것이 좋다.
외기 습도로도 무방하다.	주지 않아도 좋다.	석곡에 응애류가 발생하지 않도록 유의하고, 발생하면 살충제를 살포한다.	원활하게 해 준다.	석곡은 필요에 따라 포기나누기를 한다.
〃	중순까지 새싹이 자라고 있는 포기에 대해 묽은 액체 비료를 월 1~2회 준다.	월 1~2회 예방을 위한 살균 · 살충을 실시한다.	맑게 개인 날은 온실 내의 온도가 높아지므로 통풍을 원활하게 하여 적정 온도로 낮춘다.	가을꽃피기의 카틀레야를 감상할 수 있다.
가을비로 인해 다습해지면 뿌리가 썩을 우려가 있으니 유의한다.	인산 성분이 많은 비료는 월 1회 정도 주어 포기의 충실을 돕는다.	〃	꽃눈이 나온 것은 강한 바람을 피하도록 한다.	가을에 분갈이를 하면 생육이 순조롭지 못하나, 겨울 월동온도가 높으면 가능하다.
70퍼센트 정도를 유지한다.	꽃눈이 있는 것을 제외하고 월 1~2회 정도 묽은 액체 비료를 준다.	〃	원활한 통풍을 필요로 한다.	가을비는 피하고 시비는 하순부터 중단한다.
저온다습한 상태를 유지해야 하므로 70~80퍼센트 정도 유지한다.	묽은 액체 비료를 월 2~3회 주는 것이 좋다.	〃	통풍을 즐기는 난이므로 늘 바람이 통하도록 온실의 창문을 열어 둔다.	건조에도 강하여 그늘에서라면 한 달간 물을 주지 않아도 죽지 않지만, 포기가 약해지면 꽃이 피지 않는다.

11월의 난관리 도표

종류 및 품종	두는 장소	온도	햇빛	물주기
춘란	오전 햇빛이 충분하고 적당한 미풍이 감도는 곳이 좋다.	주간 20도 정도, 야간 10도 전후를 유지한다. 내한성을 기르기 위해 지나치게 온도를 높이지 않는다.	유리나 비닐을 통과한 햇빛은 충분히 쬐어도 무방하다. 무늬란은 잎이 타지 않게 신경을 쓴다.	분토의 마르기에 따라 따뜻한 날 오전중에 실시한다. 온도가 낮아질수록 다소 건조하게 관리한다.
한란	강한 햇빛을 쬐면 꽃대가 제대로 자라지 않고 꽃 빛깔도 탁해지므로 가급적 어둡고 서늘한 곳에 둔다.	최고 25도, 최저 10도정도를 유지한다. 온실의 난대 상단에 놓으면 비교적 온도가 높다.	오전 햇빛은 충분히 쬐고 이후에는 발을 한 겹 처서 차광한다.	물주는 횟수를 점점 줄이지만 분토가 항상 일정한 습기를 지니고 있도록 한다.
보세란	추위에 비교적 약하므로 햇빛이 잘 드는 온실의 상단에 놓는다.	11월 말부터 휴면을 시키는데, 5~10도 정도의 낮은 온도에 두어도 무방하다.	〃	3~4일에 1회 정도 따뜻한 날 오전중에 실시한다.
건란류 (옥화, 건란, 소심 등)	햇빛이 잘 들고 통풍이 원활한 곳이면 좋다.	최저 10도, 최고 20도 정도를 유지한다.	오전 햇빛은 충분히 쪼이되, 오후의 강한 직사광선이 잎에 닿지 않게 한다.	〃
금릉변	〃	내한성이 강한 난이지만 최저 8도 이상을 유지한다.	햇빛이 부족하지 않게 충분히 쬐어 준다.	2~3일에 1회 정도 오전중에 실시한다.
풍란 · 석곡	〃	최저 5도 이상을 유지하고, 야간에는 직접 바깥 공기를 접하지 않도록 유의한다.	직사광선을 쬐어도 무방하다.	10~11월 초순까지 풍란의 화아분화시기이므로 건조하게 관리하고 햇빛을 충분히 쪼인다.
카틀레야	햇빛이 잘 드는 선반 위에 놓아 두거나 공중에 매달아 둔다.	최저 10도 이상을 유지하고, 맑게 갠 날은 온실 안의 온도가 지나치게 올라가지 않도록 유의한다.	햇빛을 좋아하는 식물이므로 가급적 충분히 쬐어 준다.	온도가 낮을 때에는 물주는 횟수를 줄여 다소 건조한 듯이 관리한다.
심비디움	햇빛이 잘 들고 통풍이 좋은 곳에 둔다.	최저 7도 이상을 유지하고, 낮 동안은 25도 이상을 넘지 않도록 환기에 유의한다.	유리창이나 비닐을 통한 오전 햇빛은 충분히 받도록 한다.	분토의 표면이 마르면 따뜻한 날 오전중에 물을 준다.
파피오페딜리움 덴드로비움 온시디움	햇빛이 잘 들고 통풍이 좋은 곳에 둔다.	최저 10도, 가능하면 15도 정도를 유지한다.	유리창 너머로 햇빛이 잘 드는 곳에 두고 충분히 채광한다.	분토의 표면이 마르면 따뜻한 날 오전중에 주는데 꽃이 있으면 마르지 않게 유의한다.
반다	고온다습한 온실에 두는 것이 좋다. 햇빛이 잘 드는 천장 가까이 매달아 둔다.	고온성 난이므로 최저 15도 이상, 가능하다면 18도 이상을 유지한다.	〃	온도를 높게 유지할 수 있는 경우에는 너무 건조하지 않도록 한다.

습도	비료	소독	통풍	기타
60~70퍼센트 정도면 적당하다.	휴면기에는 비료를 주어도 별 도움이 되지 않으므로 주지 않는다.	월동 준비의 일부분으로 살균·살충을 월 1회 정도 실시한다.	한낮에 온실의 창문이 닫혀 있으면 온도가 급격히 올라가므로 창문을 열어 통풍을 시킨다.	매일 기상예보에 귀를 기울여 새벽 온도가 영하로 떨어질 경우를 대비한다.
〃	〃	살균·살충을 월 1회 실시한다.	충분히 통풍을 시키되 건조한 찬바람이 닿지 않도록 한다.	꽃대의 맨 윗부분에 꽃이 핀지 1주일 정도가 지나면 이듬해 포기의 성장을 위해 잘라 주는 것이 좋다.
〃	〃	〃	〃	잎에는 직사광선이 닿지 않고 분에만 쬐게 하면 벌브와 뿌리가 튼튼해져 포기의 상태가 좋아진다.
60~70퍼센트 정도 유지. 건조한 듯하면 엽면 분무한다.	〃	응애나 깍지벌레에 유의하고, 월 1~2회 정도 소독한다.	잎 가장자리에 미풍이 감돌 정도면 좋다.	꽃이 진 소심란 등은 11월 초순에 분갈이해도 무방하다.
〃	〃	예방을 위해 월 1회 정도 살균·살충제를 살포한다.	한낮의 온도가 지나치게 올라가지 않도록 창문을 열어 환기시킨다.	온도가 낮으면 물주는 횟수도 줄여야 한다.
습기가 많으면 냉해를 입을 우려가 있으므로 약간 건조하게 관리한다.	〃	석곡에 응애가 발생할 우려가 있으므로 살충 소독한다.	통풍을 원활하게 해 주되 강하고 찬바람은 맞히지 않는다.	석곡에 꽃봉오리가 나온 것은 햇빛과 추위를 피해 주고 물 끊김이 없도록 신경쓴다.
60~70퍼센트 정도를 유지한다.	성장이 멈춘 시기이므로 비료는 주지 않는다.	꽃봉오리가 커지면 민달팽이의 피해가 심해지므로 밤에 활동하는 민달팽이를 잡아 준다.	온도가 올라가는 한낮에는 창문을 여는 등 환기에 유의한다.	꽃눈이 생긴 것과 생기지 않은 것을 가려서 따로 관리한다.
〃	〃	병과 해충의 발생을 예방하기 위해 월 1~2회 살균·살충을 실시한다.	〃	꽃대가 자라고 있는 분은 갑작스레 환경이 바뀌지 않도록 유의한다.
60~80퍼센트 정도를 유지한다. 꽃눈이 자랄 무렵에는 다습한 것이 좋다.	〃	〃	낮 동안의 온도가 25도 이상 오르지 않도록 환기에 신경을 쓴다.	겨울에 물을 많이 주면 뿌리를 상하게 되어 포기가 쇠약해진다.
70~80퍼센트를 유지한다. 분 주위나 잎에 때때로 물을 뿌려 습도를 높인다.	묽은 액체 비료를 월 1~2회 정도 준다.	예방을 위한 살균·살충을 1회 정도 실시한다.	낮에는 온실의 창문을 열어 미풍이 감돌게 한다.	물과 습도가 부족하면 포기가 시들어 누렇게 되므로 유의한다.

 12월의 난관리 도표

종류 및 품종	두는 장소	온도	햇빛	물주기
춘란	찬바람이 닿지 않는 난실이나 실내에 둔다. 그러나 난방이 잘 되고 사람의 출입이 빈번한 곳은 좋지 않다.	5도 정도를 유지한다. 지나친 기온은 난을 약화시키므로 유의한다.	아침 햇빛을 충분히 쬐고, 한낮에는 차광막을 한 겹 쳐서 직사광선을 피한다.	분토가 완전히 마르기를 기다렸다가 따뜻한 날 오전중에 준다. 꽃봉오리에는 물이 닿지 않게 분토 위에만 준다.
한란	아침 햇빛이 잘 들고 적당한 온도가 유지되는 곳이면 무방하다.	5도 정도를 유지하는 것이 좋으며, 최저 0도도 무방하다.	〃	맑게 갠 날 오전중에 미지근한 물을 흠뻑 준다. 난잎에 물이 고이면 솜으로 닦아낸다.
보세란	아침 햇빛이 잘 드는 곳이 좋다.	휴면기이므로 최저 5~8도 정도를 유지한다. 낮과 밤의 온도차가 10도 정도면 이상적이다.	햇빛은 가급적 오래 쬐어 주는 것이 좋으나, 직사광선은 잎을 타게 하므로 차광한다.	공기의 건조와 분토의 마르기에 따라 물을 주는데, 냉해를 두려워 한 나머지 너무 주지 않으면 고사하는 수도 있다.
건란류 (옥화, 건란, 소심 등)	〃	주간 15~20도, 야간 5도 정도를 유지한다.	잎 끝이 타지 않을 정도로 햇빛을 충분히 쬐어 준다.	맑게 개이고 추위가 누그러지는 날을 택하여 실시하는데, 실온이 낮을수록 물주는 횟수를 줄인다.
금릉변	〃	내한성이 강하므로 최저 0도 이하가 되지 않게 유의한다.	날씨가 좋은 날에 찬바람을 맞지 않는 실외에 내놓고 햇빛을 쬔다.	점차 온도가 낮아지므로 4~5일에 1회 정도 흠뻑 준다.
풍란 · 석곡	오전 햇빛이 잘 들고 지나치게 온도가 높지 않은 곳이 좋다.	최저 4도 이상을 유지하고 휴면을 시키는 것이 좋다.	약한 햇빛을 충분히 쪼이게 한다.	풍란은 잎이 오그라들고 주름이 생길 정도로 물을 주지 않는 것이 좋다. 석곡은 분 속에 습기가 없다고 생각될 때 오전중에 준다.
카틀레야	햇빛이 충분하고 환기가 되는 곳에 둔다.	최저 10도, 최고 25도를 넘지 않게 한다. 내한력이 약하므로 보온에 유의한다.	햇빛을 충분히 쬐어 주는 것이 좋다.	분토가 마른 것을 확인한 뒤 따뜻한 날 오전을 택하여 물을 주되 오후에 물기가 약간 남을 정도면 된다.
심비디움	〃	서양란 중 내한력이 강하지만 최저 5~6도 이상은 유지해야 한다.	햇빛을 대단히 좋아하는 식물이므로 유리창 너머 햇빛을 잘 쬐어 준다.	분토가 마른 뒤 따뜻한날 오전중에 실시한다. 꽃대가 있는 것은 물의 양을 다소 늘려 주는 것이 바람직하다.
파피오페딜리움 덴드로비움 온시디움	파피오페딜리움은 햇빛이 거의 들지 않는 곳에, 덴드로비움은 햇빛이 잘 드는 곳에 둔다.	최저 10도 정도, 최고 25도 이하로 유지한다.	유리창 너머로 충분히 쬐어 주되, 파피오페딜리움은 30~50퍼센트 정도 차광한다.	분토가 완전히 마른 뒤 따뜻한 날 오전중에 주며, 특히 파피오페딜리움은 물기를 늘 유지해 준다.
반다	온도가 높고 습도가 충분한 곳에 둔다.	최저 15~18도 정도를 유지하고, 가급적 높은 온도를 유지한다.	햇빛을 충분히 쬐지 않으면 꽃이 피지 않는 경우가 있다.	온도가 높지 않을 경우에는 다소 건조하게 관리한다.

습도	비료	소독	통풍	기타
60퍼센트 정도를 유지한다.	휴면기. 이 시기에는 비료를 주어도 흡수하지 못하므로 주지 않는다.	예방을 위한 살균·살충을 월 1회 정도 실시해도 무방하다.	한낮의 기온이 높아지면 창문을 열어 통풍을 시킨다. 그러나 찬바람이 직접 닿지 않도록 한다.	중순까지는 난실 안에 얇은 비닐을 쳐서 보온을 한다.
60~70퍼센트 정도를 유지해 준다.	〃	〃	밀폐된 상태의 난실에서는 낮 기온이 25도 이상 올라갈 수 있으므로 적절히 창문을 열어 환기시킨다.	야간에 물을 주게 되면 분 속의 물이 얼어 뿌리가 상하므로 주의한다.
〃	〃	〃	차고 건조한 바람이 난 잎에 직접 닿지 않도록 하면서 통풍을 시킨다.	온실의 가온은 가급적 늦게 시작하여 봄까지 계속하는 것이 난의 생장에 이롭다.
최저 60퍼센트 정도를 유지하면 이상적이다.	〃	〃	난에 피해가 생기지 않을 한도 내에서 창문을 열어 신선한 공기가 순환되도록 해 준다.	겨울에도 높은 온도를 유지하게 되면 자칫 잎 색이 누렇게 변하는 수가 있으므로 휴면을 시키는 것이 좋다.
60~70퍼센트 정도를 유지한다.	〃	〃	햇빛을 충분히 쬐어 주는 반면 통풍에 유의하여 온도 조절을 한다.	낮밤의 온도차가 20도를 넘지 않도록 한다.
〃	〃	〃	풍란은 찬바람을 절대 맞히지 않는다. 석곡의 경우 한낮의 고온에 뭉크러지지 않게 환기를 시킨다.	얼지 않을 정도로만 월동시켜도 무난하다.
60~70퍼센트 정도를 유지한다. 너무 건조하면 꽃봉오리가 완전히 펼쳐지지 않는 경우가 있다.	〃	저온다습한 환경에서는 뿌리가 썩게 되므로 주의한다.	날씨가 갠 날은 난실의 온도가 지나치게 올라가지 않도록 창문을 열어 환기시키는 데 유의한다.	꽃대가 달린 포기는 급격한 온도 변화에 유의한다.
60~70퍼센트를 유지한다. 지나치게 건조하면 꽃봉오리가 떨어지는 수가 있다.	〃	예방을 위해 살균·살충을 월 1회 정도 실시하는 것이 좋다.	낮이 25도 이상, 밤이 15도 이상으로 지속되면 꽃눈이 물러지므로 적절히 환기를 시켜 온도를 낮춘다.	꽃대가 20센티미터 전후로 자라면 긴 철사나 대나무를 세워 휘어지지 않게 한다.
60~80퍼센트 정도를 유지한다.	〃	〃	적절한 환기는 좋은 꽃을 피게 하는 필수 조건이다.	장소를 옮길 때에는 가급적 꽃이 활짝 핀 뒤에 실시하는 것이 좋다.
가온할 경우 몹시 건조할 수 있다. 60~80퍼센트 정도를 유지한다.	겨울 동안에도 아주 묽은 액체 비료를 한 차례 주는 것은 무방하다.	〃	난실에서 재배하는 경우 통풍이 지나치게 나빠지지 않도록 가끔 환기를 시킨다.	물을 줄 때에는 뿌리뿐만 아니라 잎 전체에도 충분히 준다.

난을 구할 수 있는 곳

서울, 인천, 경기 지역

서울(02)

방초원	강남구 수서동 515-13	2226-6730
선유원	강남구 수서동 523	2226-8787
수광원	강남구 수서동 490-4	2226-4525
수정난원	강남구 수서동 523	011-604-9870
아리랑	강남구 수서동 523	459-0677
춘란방	강남구 수서동 523	3411-5999
신라난농원	강남구 양재동 화훼센터 나동 109호	571-4425
무지개난원	강남구 율현동 293	011-9722-0088
보람난원	강남구 율현동 293	451-9675
사랑방난원	강남구 율현동 293	2226-0361
난문화원	강동구 길동 180-1	488-5545
신라난농원	강동구 암사동 607-13	3427-2277
북서울식물원	노원구 하계동 5-23	977-7397
서동원예자재	서초구 서초동 1541-37	584-9848
매란방	서초구 신원동 154	579-5445
향미난원	서초구 양재동 화훼센터 나동 100호	578-1208
난세상	서초구 우면동 152	577-9363
수록원	서초구 우면동 595-12	573-3854
금록원	송파구 오금동 101-4	404-2356
영란원	송파구 장지동 624-1	400-1237
강서난원	영등포구 당산동1가 256-28	676-9765
서일농원	은평구 진관내동 470-2	355-9449
고농종묘	종로구 종로5가 214-3	2266-8073
대신무역	종로구 종로5가 231-2	2278-2724
송심난원	종로구 종로5가 245	2285-3518
한농종묘	종로구 종로5가 삼성자동차/주차장 건너편	2269-8151
종로5가난실	종로구 종로6가 한농종묘 2층	2272-6634
아란방	중구 남창동 대도꽃상가 옥상 8호	752-9095
조양난원	중구 삼각동 36-3 호반빌딩 201	732-1255
애란원	중구 서소문동 54-2	777-1777
우성교역	중구 회현동1가 202-6(제왕빌딩 301호)	752-0554
동서난원	중랑구 면목3동 497-7	495-8885

인천(032)

자연꽃농원	계양구 동양동 74-2(세부란사)	516-0068
난취방	남구 주안6동 894-2	421-5551
길벗	남동구 남촌동 625-31	818-4562
제물포난원	남동구 남촌동 625-31	815-5115
한마음난원	남동구 남촌동 625-31	818-6988
만향원	남동구 만수5동 920-2	468-3843
신기루난원	동구 송현2동 79	765-4724
부평난원	부평구 갈산동 396번지 팬더상가 12호	521-8966
백마난농원	서구 가좌동 82-8	577-0068
서곶난원	서구 연희동 53-5	011-322-3978
미추홀	연수구 선학동 211-1	815-0070
상록원	연수구 선학동 210-2	817-3331
서해난원	연수구 선학동 115	421-2988

경기(031)

난장판	고양시 덕양구 용두동 424-22	02)387-1188
석난실	고양시 덕양구 용두동 429-1	02)356-7636
수림난원	고양시 덕양구 용두동 428-2	02)356-0523
정란사	고양시 덕양구 용두동 427-1	384-4678
청솔원예자재	고양시 덕양구 용두동 426-3	02)356-2608
함평난원	고양시 덕양구 용두동 427-1	02)386-1603
능곡난원	고양시 덕양구 행주내동 653-1	970-8627
화전난원	고양시 덕양구 화전동 527-3	02)3159-7789
고양난원	고양시 덕양구 화정동 794-7	962-0706
한라난농원	고양시 일산구 백석동 456-2	901-0185
소망난원	고양시 일산구 식사동 1402	967-4770
기향난원	과천시 갈현동 19 과천난단지 내	02)502-2234
꽃있는집	과천시 갈현동 19 과천난단지 내	02)502-2234
송산	과천시 갈현동 19 과천난단지 내	02)502-5150
수란정	과천시 갈현동 19 과천난단지 내	02)503-4289
청록원	과천시 갈현동 19 과천난단지 내	02)502-5888
한양난원	과천시 갈현동 19 과천난단지 내	02)503-5566

고려난원	과천시 과천동 366 선바위역 3번 출구 앞	02)504-3233
선바위난원	과천시 과천동 367-2	02)503-2627
애향난원	과천시 과천동 366 선바위역 3번 출구 앞	02)504-3233
홍두소	과천시 과천동 366 선바위역 3번 출구 앞	02)504-3233
화랑난원	과천시 과천동 366 선바위역 3번 출구	02)504-3233
영풍원예자재	과천시 주암동 89-10	02)507-4071
현우난원	광명시 소하1동	02)898-1842
새왕난원	구리시 교문동 693-1	555-1130
동난방	군포시 당동 427	018-240-5005
구리난원	남양주시 금곡동 785-5	591-4206
부천난원	부천시 원미구 심곡3동 339-51	032)666-5900
황토밭	부천시 원미구 심곡3동 304-13	032)668-9778
을지난원	부천시 원미구 원미2동 197	032)656-1148
세란제	성남시 분당구 궁내동 210-4 해성빌딩 108호	718-7733
소림도예	성남시 분당구 백현동 17	709-2042
난이랑	성남시 분당구 삼평동 130	707-8479
영예원	성남시 분당구 삼평동 13호	709-4484
이매난원	성남시 분당구 삼평동 130	707-3293
향난정	성남시 분당구 삼평동 130	707-8000
형제난원	수원시 권선구 구운동 493-15	291-2384
수원난원	수원시 권선구 권선동 966-2	237-2760
영화난직매장	수원시 팔달구 망포동 383-12	206-8080
경기난원	수원시 팔달구 인계동 123-3	236-5855
솔바람난원	시흥시 계수동 544 피정의 집 앞	313-8235
태양자생란	시흥시 계수동 피정의집 앞	311-0387
신록난원	시흥시 대야동 266-3	311-6562
금란난원	시흥시 은행동 97-5	313-5424
지산난원	안산시 본오2동 761	419-6525
상록난직매장	안산시 신길동 893-2	494-0494
신길난원	안산시 신길동 933	494-3933
유달난원	용인시 기흥읍 영덕리 110-1	281-5052
보라매난원	의왕시 청계동	016-360-2194
상록원	의왕시 청계동	016-246-2240
산천난원	의왕시 포일동 451	425-9231
이초난원	의정부시 장암동 192(장암화훼단지)	879-5129
사군자난원	하남시 창우동 246-3	795-5432
난농장 대명	하남시 초이동 39	428-3200
예란원	하남시 풍산동 389-5	011-346-7667
하이포넥스	하남시 풍산동 217-11	02)2278-2216
한밭난원	하남시 풍산동 70-2	793-9951
현대난원	하남시 풍산동 389-5	795-7088
미란원	가평군 가평읍 상색리 137-1	581-5900
성림PR	광주군 도척면 궁평리 177-4	764-0544
율강요	여주군 북내면 가정리 175-1	885-0081
송우난원	포천군 소흘읍	542-0296

대전, 충남, 충북 지역

대전(042)

푸른난원	대덕구 덕암동 14-2	934-1010
구봉꽃식물원	서구 관저동 650-9	543-5589
명난방	서구 관저동 699-1	541-6988
서대전난원	서구 관저동 650-9	545-1865
설백난원	서구 도안동 170-1	541-8989
예림난원	서구 삼천동 1113	483-1388
유비발효산업	서구 용문동 591-16	535-3503
난월실	유성구 구암동 163-24	822-0799
난초네	유성구 구암동 80-1	825-5506
칠방난원	유성구 구암동 유성중학교 정문 앞	822-2114
영풍원예자재	유성구 봉명동 326-40	825-3312
난초백화점	유성구 장대동 240-26 유성IC 옆	823-5708
유성난원	유성구 장대동 240-74 유성IC 옆	822-3834
추선재	유성구 장대동 176-24	823-2238
난친구들	중구 문화2동 439-7	584-5416
똘배난원	중구 산성동 129-2	583-4613
설록원	중구 산성동 146-3	583-2483
대일난원	중구 오류동 153-6 삼성병원 뒤	524-7469
동양난원	중구 중동 64-14	253-9979

충남(041)

신관난원	공주시 신관동 638-10	857-8567
채황난원	공주시 신관동 305-2	855-3139
보령난원	보령시 동대동 1707	935-4978
예림난원	서산시 동문동 동부시장 내	665-7181
서산난원	서산시 석림동 647-7	667-5997
에이스난원	천안시 구성동 437-10	556-3338
금강식물원	천안시 원성동 486-9	554-8386
식물원들꽃세상	천안시 성남면 봉양리 614-4	554-8673
자연난원	금산군 복수면 기량리 104	752-5527
우정난원	청양군 청양읍 읍내리 59	943-6768
칠갑난원	청양군 대치면 탄정리 436-150	943-7578

충북(043)

설봉난화원	청주시 상당구 내덕1동 668-14	252-2580
매란원	청주시 상당구 사천동 247-15	212-2201
문향재	청주시 상당구 우암동 364-6	259-6935
신신난원	청주시 홍덕구 미평동 35-6	257-7733
대진화분	청주시 홍덕구 복대동 981-11	231-6082
청강원	청주시 홍덕구 사창동 305-13	274-1040
초원식물원	충주시 연수동 503-22	854-9331

광주, 전남, 전북 지역

광주(062)

난이랑	광산구 도천동 21-2	953-7390
덕향난농원	광산구 신정동 942-9	952-4941
광주난원	광산구 월계동 828-5	971-2810
금난원	남구 방림2동 509-165	651-5987
백제화분	남구 월산2동 79-17	361-2052
무등산난원	남구 주월1동 1154-11	676-0747
다산난원	동광주 내 다산난원	011-603-7636
다정난원	동구 내남동 98	234-3064
쎄븐난농원	동구 내남동 98	234-3063
애란방	동구 내남동 98	676-4593
양선난원	동구 내남동 98	673-5380
해담솔	동구 내남동 98	234-3064
서방난농원	북구 각화동 224-1	269-8595
서방토기	북구 각화동 431-1	262-8555
홍솔난원	북구 각화동 431-1	268-7506
nan24.com	북구 두암동 908-20	264-7775
혜산난원	북구 두암동 269-3	266-7703
무진난원	북구 두암2동 823-23	264-1604
nankorea.net	북구 문홍동 973-20	574-0885
세진상사	서구 광천동 650-354	381-1573
무등화분	서구 마륵동 173-8	376-8696

전남(061)

nanmail.com	담양시 월산면 화방리 510-17	383-6426
유달난원	목포시 용당1동 1193-15	279-7611
난병원	순천시 가곡동 357-1	011-9603-1286
현대난원	순천시 남정동 9번지	743-0160
광성난원	순천시 덕월동 11-24	744-6328
다산초당	순천시 연향동 1487-3	724-1585
백송난원	순천시 조례동 515	721-3447
나라원	순천시 풍덕동 868-20	743-2652
여수난원	여천시 신기동 32-3	681-7801
대도난우방	강진군 군동면 금강리 110-3	434-8282
고홍난농원	고홍군 고홍읍 남계리 405-5	835-5657
정일난원	고홍군 고홍읍 등암리 1158-1	833-0687
꽃사랑난원	구례군 마산면 냉천리	783-8088
보배난농원	담양군 담양읍 양각리 3-3	381-6063
추성난농원	담양군 담양읍 양각리 308-6	383-0182
담양토기	담양군 월산면 화방리 510-17	381-8792
동문난원	담양군 월산면 화방리 510-17	383-1061
동심원	담양군 월산면 화방리 510-17	382-8807

미향난원	담양군 월산면 화방리 510-17	062)266-9570
보성난원	담양군 월산면 화방리 510-17	383-1061
월산난원	담양군 월산면 화방리 510-17	383-1061
자연난원	담양군 월산면 화방리 510-17	381-3533
전국구난원	담양군 월산면 화방리 510-17	011-304-1889
태양난원	담양군 창평면 오강리 5-11	011-603-9622
동광원	담양군 창평면 오강리 5-11	381-9888
서해난원	담양군 창평면 오강리 5-11	382-0803
인재원	담양군 창평면 오강리 5-11	382-0322
창평난원	담양군 창평면 오강리 창평 IC 앞	952-2353
새천년난원	담양군 창평면 해곡리 287	381-0289
망운난농원	무안군 망운면 목동리 595-3	452-1029
국제난화원	영광군 영광읍 단주리 630-14	352-0783
초원난원	영광군 영광읍 신하리 822-10	353-9217
유정원	영광군 영광읍 우평리	353-1199
신대난원	영광군 영광읍 입석리 27-1	353-5553
묘량난농원	영광군 묘량면 삼효리	352-5830
nanplaza.com	영암군 삼호면 나불리 607-2	464-0121
대광난원	장성군 북이면 사거리 688-4	394-9855
대전난원	장성군 북이면 사거리 688-4	393-5715
성모난원	장성군 북이면 사거리	393-0737
유성난원	장성군 북이면 사거리	394-3706
장성난원	장성군 북이면 사거리 685-27	393-7207
약수난농원	장성군 북하면 성암리 2037-1	392-7627
난송원	장흥군 관산읍 옥당1구	867-3533
파트너난원	진도군 진도읍 사정리 497-1	544-2242
자생란집하장	함평군 함평읍 기각리	324-5000
나산난원	함평군 함평읍 나산면 수상리 742번지	323-3111
함평난원	함평군 함평읍 함평리 401번지	322-2086
만호방	함평군 대동면 향교리 518	322-5752
학난농원	함평군 학교면 사거리 55번지	323-5500
석난원	해남군 해남읍 고도리 440-2	536-7654
영풍난원	해남군 해남읍 고도리 475-9	534-4666
해일난원	해남군 해남읍 해리 407-4	533-4664
난고을	화순군 교리 244번지	372-3728
수난원	화순군 교리 244번지	375-5589

전북(063)

대성난원	김제시 원예협동조합 내	545-5543
남원난원	남원시 도통동 498-8	633-2322
대림난원	남원시 도통동 497-9	626-0319
또오리난원	남원시 도통동 498-8	011-883-2322
춘향난원	남원시 도통동 503-3	625-7464
지리산춘란원	남원시 향교동 4-2	633-2966
산동난원	남원시 산동면 태평리 181-1	626-5960
꿀난방	남원시 이백면 태문리 말봉산가는길	633-2598
호남토기	익산시 남중2가 194-5	852-9863
기산난원	익산시 여산면 호산리	011-524-6124
대구난농원	익산시 여산면 호산리	835-1141
대창난원	익산시 여산면 호산리	017-211-8096
여산난농원	익산시 여산면 호산리	011-438-2459
여산난원	익산시 여산면 호산리 213	011-9787-5825
안국난원	정읍시 덕천면	534-2189
소성난원	정읍시 소송면 보화리	534-2612
입암난원	정읍시 입암면 단곡리 201-1	534-9616
거슬막난원	정읍시 입암면 접지리	534-2612
내장산방	정읍시 입암면 접지리 729	584-2880
덕산난원	정읍시 입암면 접지리	534-2089
정읍사난원	정읍시 입암면 접지리 460-5	534-2865
천지난원	정읍시 입암면 접지리 815-6	534-5569
동산난원	정읍시 입암면 천원리	543-0504
태인난원	정읍시 태인면 오봉리 967-8 태인IC 앞	534-4089
담록원	전주시 덕진구 용정동 38-1	212-2558
전주난원	전주시 덕진구 용정동 38-1	211-2503
동부토기	전주시 완산구 경원동3가 92-4	288-1215
난동네	전주시 완산구 석구동 132	224-5226
모악난토기	전주시 완산구 석구동 132 전주난단지 내	282-1993
목정	전주시 완산구 석구동 13	222-6368
석란헌	전주시 완산구 석구동 132	225-6463

금당	전주시 완산구 중앙동4가 40번지	282-1993
대산난원	고창군 대산면 매산리 186-48	563-7092
진성난분재원	부안군 부안읍 봉덕리 811-2	581-3639
강천난원	순창군 순창읍 남계리 237	652-3250
설백난원	순창군 순창읍 백산리 819-4	652-1581
점보난원	순창군 순창읍 백산리 818-4	653-9259
기린난원	완주군 구이면 계곡리 181-3	011-9853-6528

대구, 울산, 경북 지역

대구(053)

대구난원	남구 대명11동 1528	651-3050
관유정	달서구 도원동 691-3 보훈병원 앞	642-5935
전원난원	달서구 본동 607-6	632-8010
녹색식물원	달서구 송현동 1931-5	653-4533
우듬지난원	달서구 이곡동 1347-9	582-6636
민들레난원	달서구 진천동 53-4 월배역 입구	642-5523
청아난원	동구 불로동 756-6	983-7539
홍우방	동구 불로동 805	983-4945
평화춘란점	동구 신암1동 716-82	941-2707
숲속난원	북구 복현2동 234-5 복현주공APT상가 116	941-6131
서대구난원	서구 내당1동 52-9	555-2888
무지개난원	수성구 범어3동 1096	753-6410
대림원	수성구 범어4동 198-1	754-4800
고산난원	수성구 시지동 414-2	791-8777
고모령난원	수성구 연호동 154-84	793-2444
지성난원	수성구 연호동 154-39	791-1056
남촌난원	수성구 지산동 758 지방환경청 건너편	766-7292
묵향난원	수성구 지산동 94	782-0593
남대구난원	수성구 지산1동 산109번지	783-9767
수락원	수성구 지산2동 1188-1	783-1731
매란정	수성구 황금동 891-1	766-7045
델타판매클럽	수성구 황금2동 816-2	768-2276
거림난분	달성군 화원읍 본리리 18	639-3640

울산(052)

금호화분	남구 달동 497-11	271-0550
홍난원	남구 신정3동 167-32	269-4233
천년난원	북구 송정동 810	295-1452
한솔난원	중구 다운동 603-9	247-5645

경북(054)

소목제	경주시 동천동 160	773-9438
슬기난원	경주시 동천동 833-1	746-5715
사군자난원	경주시 성동동 420-68 수강사빌딩 2층	771-3150
동양난원	구미시 형곡동 111-6	456-4049
천생난원	구미시 형곡동 144-5	455-1313
오복난원	상주시 낙양동 146-105	534-2789
금잔디난원	상주시 남성동 198-29	535-6864
거목	안동시 옥동 1296	853-1313
삼다난원	포항시 북구 죽도2동 611-20	275-8804
녹야원	포항시 해도동 33-145	275-8804
지렛재난원	고령군 쌍림면 합가리	956-2580
해인난원	고령군 쌍림면 181-3	955-9364
백화꽃화원	예천군 예천읍 서본리 8-77	652-2133
칠곡난원	칠곡군 동명면 봉암리 649-8	976-7885
왜관제일난원	칠곡군 북삼면 인평동 293-1	972-8319

부산, 경남 지역

부산(051)

대덕원	강서구 대저1동 333-7	973-5765
엘림난원	강서구 대저1동 721-3	971-4558
향토난원	강서구 대저1동 735-1	972-2310
석난방	금정구 노포동 300	508-1671
부림화원	금정구 두구동 858-3	508-1771
영풍원예자재	금정구 두구동 1309	508-4458

하나원예자재	남구 우암1동 뉴서울아파트 상가 내	632-7722
향림난원	동구 범일5동 330-50	636-6375
부산난원	동래구 사직동 116-6	503-2277
통일난원	동래구 사직3동 128-1	506-1934
금강난원	동래구 온천1동 94-4	555-0883
두란노난원	사상구 주례1동 355-5	328-8473
춘혜원	사하구 괴정4동 552-35	293-1737
생화당	서구 동대신동2가 422	243-4092
부산국제난원	중구 신창동4가 56-4	245-1143
삼천포난원	해운대구 송정동 99-2	704-0399
송정난재배장	해운대구 송정동 99-2	704-0399
수난원	해운대구 송정동 99-2	704-0399
해동난원	해운대구 송정동 99-2	011-509-8131
수림원	기장군 일광면 신평리 43	727-0441

경남(055)

난과생활하는터	김해시 봉황동 16-35	325-2237
향난원	김해시 전하동 6-2	336-0771
약수터난원	마산시 합포구 자산동	248-0848
산채난농원	마산시 합포구 신북면 지산리 103-3	272-0766
자굴산난원	마산시 회원구 양덕2동 58-9	292-2155
색동난원	마산시 회원구 회원2동 643-3	248-2944
한국춘란원	마산시 회원구 내서읍 중리 1528	232-2354
제일난원	밀양시 산외면 금천리 376-5	355-2624
곤양사랑방난실	사천시 곤양면 서정리 669-3	854-9026
우진사	양산시 원동면 서용리 800	387-0937
촉석원	진주시 이현남동 17-3	742-4322
백산	진주시 이현동 11-56	761-0180
서귀포난원	진주시 이현동 111-4 무지개APT 다동	011-551-8114
진주난원	진주시 이현동 17-3	011-551-7090
문산난원	진주시 문산읍 소문리 1012	761-6842
대방난원	창원시 대방동 50-8	267-6626
태극난실	창원시 명서동 188-3	288-8717
신산지난원	창원시 상남동 23-8	262-6770
자생란유통	창원시 신월동 59-9	283-3649
빛광난원	창원시 동읍 송정리 230-4	251-5599
거창난원	거창군 거창읍 대평리 1497-6	943-3712
은혜농원	남해군 남해읍 남변동 378	864-4717
난초방	의령군 의령읍 정암리 298-2	573-2362
덕천난원	하동군 금난면 덕천리 1096	883-5050
금오난원	하동군 금난면 송문리 216	883-7908
공주난원	하동군 금성면 갈사리 나팔마을	883-6198
여울난원	하동군 진교면 진교리 20-4	882-1907
함안난원	함안군 가야읍 도항리 8360	583-8370
창원난원	함안군 가야읍 도항리 8360	583-8370
금제	함양군 함양읍 백천리 함양IC 입구	963-9809
임난원	함양군 함양읍 신천리	011-673-5662
송암난원	함양군 함양읍 운림리 311-7	964-0089

강원 지역

강원(033)

미림난농장	강릉시 홍제동 봉제마을 입구	642-6988
소란방	원주시 일산동 229-8	743-9639
혜란원	원주시 일산동 335-5(삼성우보APT 옆)	011-373-7695

제주 지역

제주(064)

남향난원	서귀포시 동홍동 1301-4	732-5105
녹산방	서귀포시 천지동 813-1 뉴경남호텔 앞	763-4949
석지방	제주시 용담1동 248-6	757-9936
사군자난원	제주시 이도2동 1909-99	722-9427
예인난원	북제주군 애월읍 장전3리	799-6346